唐鳳談

AI與數位的未來

口述　唐鳳 Audrey Tang
作者　日本總裁出版社編輯部　譯者　姚巧梅

Art

Digital

democracy

FUTURE

Ai

攝影／熊谷俊之

3 1 2

1 唐鳳的基地之一 行政院政務委員辦公室，裡頭的白板簡要紀錄重要事項。

2 無論手機還是電腦，都只是工具。

3 非典型辦公室。右上，在行政院辦公室與日本芥川獎得主上田弘岳跨海對談。

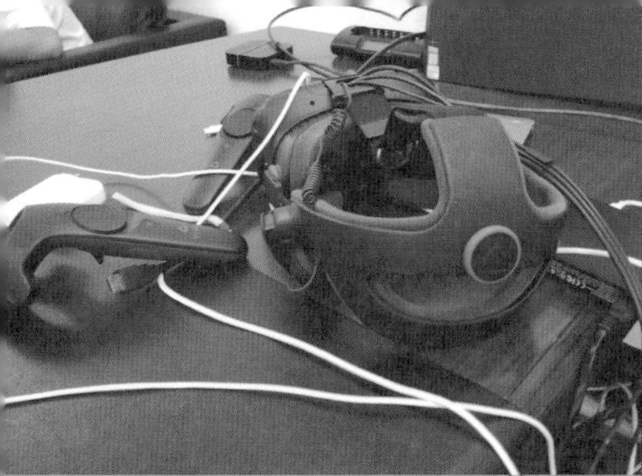

与DoriDori合照吧
都你都你拍!
Dori
Dori

University
陽明大學

社會創新實驗中心
SOCIAL INNOVATION LAB

1 **唐鳳的基地之二** 社會創新實驗中心。Without Borders，拆掉圍牆，這可能是邁向未來最好的路徑之一 。

2 從社創二樓的「空橋」俯視。

2 1

1 唐鳳的基地之二 社會創新實驗中心，沒有藩籬，內外通透。

2 社創吸引不少企業進駐。

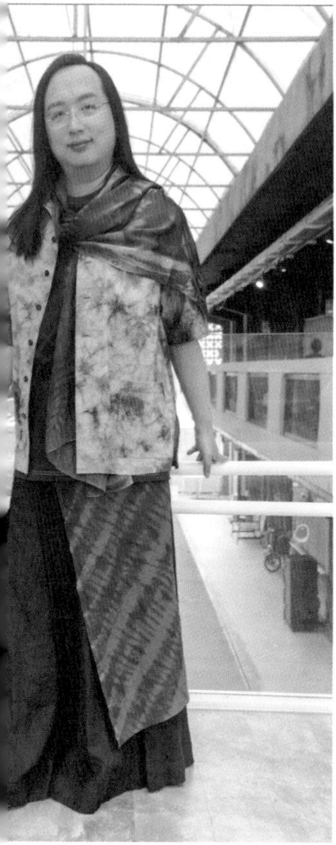

3 2 1

1 唐鳳喜愛美的事物又樂於嘗新，像藍染這樣既古老又新鮮的手藝，自然樂意一試，於是在社創二樓的空橋大方變身模特兒。（服裝設計／川人美洋子）

2.3 服裝協製／台灣藍四季研究會、歐宣國際開發公司（攝影／柯曉東）

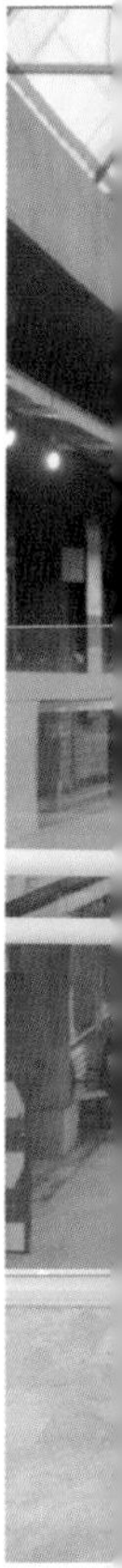

3	1 2

1 2020 年末，唐鳳受邀前往世新大學演講，同學的問題五花八門，唐鳳一一回覆或給予建議。

2 於行政院辦公室為日文版《唐鳳談數位與 AI 的未來》簽名。

3 招牌手勢。模仿《星艦迷航記》史巴克的招牌手勢，這個手勢的意思是「Live long and prosper」，相互祝賀健康與繁榮昌盛。

3 1 2

1 在日僑學校向小朋友演講。(攝影／柯曉東)

2 用心聆聽小朋友的提問，毫不含糊。(攝影／柯曉東)

3 唐鳳與日僑學校的小朋友。(攝影／柯曉東)

1 4
2
3

1 童年唐鳳與母親出遊。

2 對唐鳳影響深刻的母親。

3 在父親懷裡。

4 14 歲參加全國中小學科展，與阿嬤合影。

目次

第一章

ＡＩ開拓的新社會

第二章 以實現公益為目標——形塑了我的人、事、物——085

第三章

數位民主主義——將國家與國民雙向討論的環境整備妥當——113

第四章

社會創新——實現一種不放棄任何人的社會改革

第五章 程式設計思考——在數位時代培養有用的素養

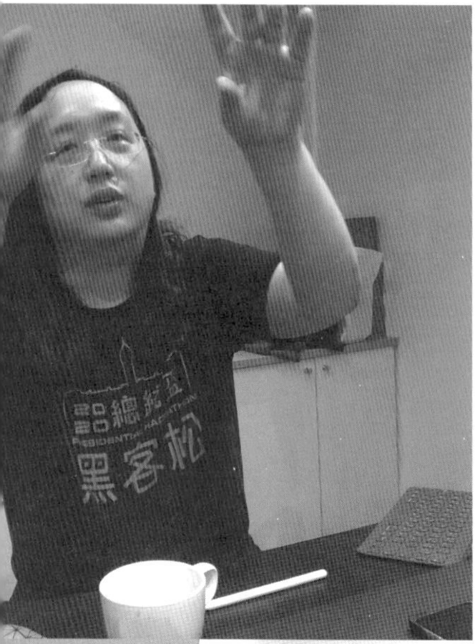
2020總統盃
PRESIDENTIAL HACKATHON
黑客松

前言

大家好，我是唐鳳，職務是台灣行政院數位政務委員。

新冠肺炎病毒全球蔓延，迄今威脅依然存在，可以說是二〇二〇年和二〇二一年甚至更長遠的人類歷史的大事，今後情況將如何發展實在很難預測。

身為政府閣員，在初期擬定新冠肺炎的對策時，我也參與部分工作。

二〇二〇年，除了執行閣員的工作以外，我幾乎每一天都接受來自國內外媒體的採訪、參加線上研討會的活動，也分享與防疫相關的措施。

只要有時間，我樂於與人交談，通常只要媒體採訪或活動邀約我都盡量參加。

在媒體採訪中，有時也會觸及私人的提

問，例如ＩＱ（智力指數）、跨性別、中學輟學等這類話題，有時因為提問重覆，所以也會有點覺得困擾。

第一家以出書為目的，向我提出採訪要求的是日本總裁出版社，因為我也想分享台灣面對新冠病毒的因應措施、相關資訊、課題，以及我個人對數位、ＡＩ等科技議題的看法，所以答應了這個要求。

本書的要旨是，從我八歲初次接觸電腦到現在約三十多年來，與數位世界產生關聯的經緯和想法、數位技術將如何改變世界，以及人類該如何活用數位等。

針對數位這個議題，憂喜參半的人居多。不可諱言的，數位已日漸滲透到我們的生活，也為社會帶來許多方便。另一方面，有不少人害怕自己會因跟不上而被淘汰，擔心工作機會被搶走的人更多，也有人反對企業和國家擅自取得個人的資訊。

數位，只是一個工具，是我一貫的看法，如果我們一開始就設計好的話，最後掌握主導權的依然是創造者與使用者。

數位的優勢是可以跨越國境與威權統治，廣泛地蒐集到更多資訊和他人的意見。數位一點也不恐怖。

這本書由我口述、總裁編輯部整理而成，簡潔且中肯地紀錄了孕育我核心思想的過程，以及幼少年迄今的人生經歷。

如果這本書對新時代的讀者們有參考價值，我會很開心。

二〇二〇年十一月吉日

序章

〇

信賴

數位與台灣的新冠肺炎病毒對策

台灣活用 SARS 經驗，成功遏止初期新冠肺炎病毒的感染擴散

二〇二〇年，台灣及早遏止了當時開始在全球擴散的新冠病毒（Coronavirus disease 2019，COVID-19）。「這要歸功醫療專家、政府、民間與社會全體的努力。」蔡英文總統表示。

在病毒的真面目還渾沌不明時，台灣就傾全力阻止感染擴大。具體的做法是，二〇二〇年一月二十日成立「中央流行疫情指揮中心」（Central Epidemic Command Center，簡稱 CECC），整合各級政府聯手應對防疫。

二〇二〇年一月二十一日，一名台灣女性從武漢返台後確診。翌日，台灣立即禁止來自武漢的團體觀光客，並在二十四日拒絕中國的團體觀光客入境；同一時間，利用智慧手機確認確診的台灣女性的感染路徑，並計算出可能與其接觸者的比例後，立刻對這些人發出警告函。此外，政府開始要求民間製造口罩的企業增產，政府全數購買後再發送出去。

由於對應速度迅速敏捷，有效遏止感染擴大，因此在二〇二〇年初，台灣不需要像其他國家那樣強制封城、封校、封飲食店。

畢竟封城雖有效果，但必須付出經濟萎縮的代價。即使「新冠肺炎病毒蔓延」的狀況十分危急，政府仍有責任維持社會持續繁榮發展，並擬定防疫政策，厲行「社會繁榮」與「防疫政策」。這一切，應歸功於台灣扎實且健全的民主主義體制的成功。

那時，台灣因維持住日常生活的運作，可說防疫成功，即使身陷病毒突襲的逆境，GDP依然成長。經濟、民主主義和人權等方面也沒有蒙受太大損失。隨後，還能高揭「台灣能幫助你（Taiwan can help）」的口號，把大量的口罩和防護用品轉送給世界各國，這項義舉讓台灣受到矚目。

台灣之所以在初期得以遏阻病毒蔓延，主因之一是曾有二〇〇三年對抗SARS（嚴重急性呼吸道症候群）的經驗。當年，受SARS感染者的三百四十六人中，死亡七十三人，並導致台北市立和平醫院封院兩週，封院的舉動造成了恐慌與傷亡。

封城不見得有效，因此病毒開始突襲時決定不封城，同時積極宣導洗手與戴口罩。

SARS期間也曾有不愉快的回憶。因為堅持醫療人員一定要戴N95外科手術用口罩，一般民眾無法取得，因而引起民眾交互指責。

可以想像，當年現場混亂，也沒有疫情指揮中心，民眾爆發不滿，對政府提出質詢：「中央政府和地方政府的說法為何不同」、「哪裡才找得到疫情資訊」等。SARS之亂告一段落以後，台灣政府曾針對疏漏做了檢討。

習得正確的知識，謀求「一個人的創新」

蔡英文政權中，有許多成員都具備對抗SARS的豐富經驗，在擬定對策時胸有成竹。舉例來說，前副總統陳建仁（二〇二〇年五月卸任）是免疫學研究者，目前的閣員裡也有不少人是傳染病學和公共衛生專家。從公共衛生的角度來看，至少大家都學到一件事：「多數人具備基本知識，遠勝少數人具備高度的科學知識。」

因為擁有基礎知識的人愈多，獲得的資訊容易被確認，可以互相交換意見，一起思考對策。相反地，如果擁有高度知識者僅少數，而不理解箇中緣由者居多，就容易發生混亂。

發生史無前例的事，卻因為沒有可商量的對象，就把決定權託付給一個人。那個人真能做出正確的判斷嗎？這其實是很冒險的。為了保護更多人，資訊理應共同擁有。

「授權（empower，讓別人具備能力）」這個概念很重要，也是一種能力，能在糾紛發生時，做出立即的反應並改變狀況，而且自發性地行動，對身陷困境者積極伸出援手。如果多數人具備這種能力，最終必能提升這種能力直到解決更困難的問題為止。

針對新冠病毒這個災難，授權，是台灣人民必須採取的行動。透過十七年前的SARS風波，國民知道「病毒足以撼動社會」並從中獲得教訓。例如，「即使無症狀，但依然會將病毒傳染給人」，對「為何要重視新冠肺炎對策」有所理解。

在街上隨機找個台灣人問：「為什麼一定要用肥皂洗手？」被詢問者一定如此回答：「可以把病毒洗掉。」每個人都知道只用水洗還不夠，沒用肥皂，就和沒洗是一樣的。剛開始，大部份的台灣民眾就有這種基本常識：「病毒是能用肥皂沖洗掉的。」這一點很重要。

台灣人也認真地看待疫情指揮中心所傳達的訊息。指揮中心每天都召開記者會，不厭其煩地重覆宣導，透過反覆說明，可以深化國民對「新冠病毒」的認識。國民自己也會思索：「如何用更好的方法對抗病毒？」每一個人都在尋求屬於自己的創新。

在民主主義社會，創新很容易擴散至整個社會，而非一小部分人強制地要求。因此當中央與地方的狀況不一時，適得其所、恰如其分的新方法會自然出現，這也是台灣人正確理解病毒的結果。

台灣的政府與國民因為擁有對付大流行的高度共識，因此當中央政府要求「徹底維持個人清潔、把手洗乾淨」、「適度地維持社交距離」、「強制戴口罩」時，每一個國民也願意遵守。

口罩是遏止新冠肺炎病毒感染的重要主題，該如何解決？

在初期應對新冠病毒之際，政府需要處理的大問題是確實提供口罩。SARS事件的教訓之一是重視醫療人員的需求，以及迅速將口罩配送給每一個國民。

不過，一開始並不順利，因而做了些調整。最初是「每個人可以在超商和藥妝店買到三片口罩」。實施後，口罩很快售罄，引起民眾恐慌，而且有人不遵守規定，在不同的超商多次購買，店家無法確認購買的數目，只好重擬對策。

台灣的行政管理部門頗複雜，例如負責管理超商和製造口罩的是經濟部，經濟部又分好幾個局、處。此外，商業司、中小企業處、國際貿易局等也負有管理超商的義務，工業局又和生產口罩有關，機構不同、職掌卻互相重疊。因此，如何整合這些部門成為當務之急。

接著，要怎麼把口罩順利且迅速地寄送到各地？這又超越經濟部的管轄範疇，經濟部不僅負責商業與交易，也需兼顧各業界、業種不同的立場。

傳染病學是「衛生福利部」（簡稱衛福部）的職掌，主要負責「如何妥善地將口罩運用於疾病」，擬定政策者是其下的「疾病管制局」，管轄藥局的是其下的「食品藥物管理署」，全民健康保險卡則由「健康保險署」（簡稱健保署）負責。

簡單地說，單是與口罩相關的部門就有「經濟部」、「衛福部」，以及其他六個部、局，而承包口罩運送的郵局又屬交通部管轄。

每個部會都有自己的價值觀。由於所有問題無法只靠一個部會解決，必須有人出面調整各部會不一樣的價值觀。於是，運用數位技術與各部會做橫向的溝通，就是我這個數位政務委員的差事了。

口罩會議由我召集前述幾個部會，開了數不清的會議，與會者一起討論各部門提出的問題，討論的主題也不限各部會內部的問題。

舉例來說，有市民撥打1922（政府為COVID-19設的專線）電話，希望我們能把他對疫情的構想轉達給疫情指揮中心知道，我們就曾開會討論。另外有個母親打電話投訴，讀小學的兒子戴粉紅色口罩上學，結果被同學取笑，我們也針對這個母親的煩惱討論，共謀解決方法。

其他許多民眾也提出各種詢問，人數超過想像。例如「口罩可以反覆使用嗎？」「為了殺菌，聽說可以把口罩放電鍋裡蒸，那可以不加水嗎？」

由於事態愈發緊急，各部會終於梳理出共同的認識，那就是「普及戴口罩，讓每個人都戴口罩。」由於重視民間的聲音，勤於與提供資訊者進行溝通，所以獲得不錯的結果。

官民合作下，口罩地圖誕生

綜合各部會召開會議的結果是，決定活用台灣的國民保險制度，用全民健康保險卡執行口罩實名銷售。這一次，在掌控數量上也比較有經驗了。

為了避免重覆購買，我們要求商家若如果有人在連鎖超商買了口罩，務必將資訊即時與其他店家共享。這麼做了以後，有人因超買而導致其他人買不到的情況，就不再出現了。

為了徹底做到實名銷售，除了全民健保卡，悠遊卡這種無須支付現金的電子支付也派上用場。

不久，又出現新的問題。這對老人家並不方便，問題牽涉到數位差距和習慣用法，利用健保卡或悠遊卡的人僅佔全體國民的四成，其他像有的高齡者就不知該如何使用，他們習慣使用現金、不記名悠遊卡或敬老卡。

為防止防疫破綻，這個問題必須妥善處理，處理的方式必須細膩。如果立刻要求銀髮族停用現金或不記名悠遊卡，強制他們使用記名的悠遊卡、學習用電子支付的話，是說不過去的，也不是立即可行。

於是，我們採用了新辦法，也是高齡者習慣的，就是讓民眾們可以帶著健保卡到藥局排隊購買。一般說來，老人家的時間比較充裕，也可以順便替家人購買，這種做法讓老人家有成就感，覺得自己對家人有些貢獻。

排隊購買也有缺點，體力負擔較大，時間成本較高，如果不提這些缺點，結果是效率提高了，令人振奮。由於買到口罩者佔七〇%～八〇%，防疫效果也相對提升了。

其次，我們也為沒時間排隊的人設計了其他方法，讓他們透過智慧手機在超商購買，在台北也能透過自動販賣機採用電子支付。此外，健保署在網路上製作相關連結，並分享給台北市政府、衛生局、資訊局等，做到共同擁有資訊。

在這一連串務實的做法中，我們學到「處理問題的順序」，同時對習慣面對面溝通或使用紙本者，以及要求方便、迅速者者都做了回應。口罩政策必須整合跨領域、跨部門才能推展順利，後來擴展至政府機關各部會、三級機關，各地方的智慧城市辦公室、藥局、民間科技公司等。

現在檢討起來，由於沒有掌握超商的存貨量，導致開始推動口罩實名銷售制的三至四天期間，情況混亂。所幸柳暗花明又一村，當時誰也料想不到，後來轟動海內外的台灣口罩地圖構想，竟從混亂中誕生。

口罩地圖誕生的契機是因為吳展瑋這個人，他是熱心的台南市民。吳展瑋因為覺得有需要，所以自己先調查了住家附近口罩的庫存狀況，接著在網路公開製作APP地圖，我是從一個聊天室「Slack」的APP中獲知。

Slack是政府為推展資訊公開和數位化所設的平台，約有八千名以上公民駭客（活用政府公開的資訊開發APP，並提供服務的市民程式員）加入這個平台，單僅針對新冠病毒對策就有五百名以上公民駭客。

我從吳展瑋的APP地圖獲得靈感，向政府提議製作口罩地圖，一旦行政單位公開口罩的流通庫存資料，公民駭客會自動協助，然後開發APP地圖，以便隨時查到哪一家商店有多少庫存。這個大家同心協力的行動，後來讓台灣每一位民眾都能安心且有效率地買到口罩，也是造就台灣防疫成功的關鍵。

象徵政府與民間信賴關係的全民健保制度

全民健保制度是口罩防疫對策的基礎，也是台灣民眾對政府的健保署寄予信賴的證據。如果國民更信任民間保險公司，而讓其擁有商業競爭力，並擔負起支撐國民健康的責任，那麼政府的「全民保險制」就無法發揮這麼大的效果，防疫結果可能也不一樣了。

但是，台灣民眾為何信任政府的保險？我認為，這是因為政府保險制度的形成過程透明化、根據每次的全民健康保險審議會會談的結果所致。會議裡，每一份稿子、每一句話都是公開的，這個制度在我就任數位政委以前就已存在。在每一次的健康保險審議會議中，只要有改變，政府會公開所有資料。

這個全民健保制度從二〇〇二年或二〇〇三年，就開始召集社會上不同階層、不同年齡，來自各地方的代表參與，凝聚了社會上眾多的意見。由此，全民保險制度的正當性，與民間保險公司相較毫不遜色，而且更值得信賴。

這是政府與民眾之間能夠相互信任的基礎，如果政府不信任民眾，防疫就可能採取強制性的管理。一旦政府拿「人民無法自主管理」當藉口，就有可能端出刑罰，用威嚇、監禁、封鎖等手法對付。

所以疫情指揮中心在要求民間配合之前就表示這不是緊急事態。因為如果是緊急事態，就很容易為所欲為，甚至採取強硬的手段。這麼做並不合宜，畢竟讓國民自願協助政府，比視為緊急事態更重要。

以酒店和夜總會這種匿名性高的場所為例。一開始，並未預料這些營業場所願意協助防疫工作，但疫情指揮中心採取信任的態度，向其提議配合防疫的方法是採實名登記、提供照片做紀錄。友善的態度，讓業者們願意配合，也因為如此，在初期防疫期間還能持續營業。

政府如果一開始就帶著偏見防弊，認為業者會違規，以致採取強制性做法，那麼結果就不一樣了。

在這種時候，選擇正面思考，「該怎麼做，才能互利？」以興利重於防弊的心態，取得業者和民眾的安全感，才能奠定政府與民眾之間互相信任的基礎。信賴，是台灣得以在初期遏止新冠病毒蔓延的關鍵因素。

我們因活用ＩＴ防疫獲得成功，例如用健保卡和金融卡確認是否本人，然後連結行政機關的資料等，但更接近問題本質的是，政府與國民之間的信賴關係，這也是促進社會數位化發展的前提條件。

第一章

AI 開拓的新社會

活用數位創造更好的人類社會

1

數位技術絕不會改變社會的方向

台灣在口罩對策上成功的主因是政府與民眾彼此信任，並活用數位科技，數位科技在其中發揮極大的效果，相信今後這種現象會經常發生。有效活用數位科技，能促進社會產生變化與發展。

當然，數位科技並非無所不在。例如在新冠肆虐初期，預防病毒最好的方法是用肥皂徹底把手洗乾淨，再用酒精消毒。這些動作，數位科技就無法取代，也沒必要把科學邏輯套用在肥皂和酒精上，數位技術擅長的是，讓更多人理解正確地使用肥皂洗手的方法。

「內外夾弓大立腕」是台灣網路上流傳的一首歌，歌詞內容是教大家如何洗手。為了讓這首歌在網路擴散，利用數位技術製作出可愛的宣導用吉祥物，就是一種好方法，實際上也可行。

但如果只是這樣，就斷定數位技術會改變社會的方向，就有點誇張了。歌曲和宣導用的吉祥物只用來做推廣用，是為了強化「手要洗乾淨」、「一定用肥皂」的觀念。數位科技的終極目標僅為獲得「徹底洗淨手」這個結果，如此而已。

當然，數位科技有其優勢，例如可透過科技獲悉民間的用水量增加、每個人洗手的次數增加，以及洗手的時間加長了等。數位並無法取代生活裡肥皂的效用，但當我們不知道實際的數據，例如用了多少肥皂、多少水、洗手時間等，就可以透過科技得知。

政府並不想透過數位改變社會方向。「用肥皂洗手」是經過國民認可的共同目標，而當大家朝同一個方向前進時，數位科技也能更快更普及地傳達資訊，僅此而已。

數位無意改變民主主義的方向，也沒要求我們必須朝其所指示的方向去做。無論在新冠病毒對策或數位化政策上都一樣，數位只是一種輔助性的工具。

從偏鄉開始建置 5G 的理由

台灣的 5G（第五代移動通訊世代）正逐漸普及中，4G 和 5G 最大的不同是 5G 的延遲率會降低。

比如說，當我透過視訊會議接受海外媒體採訪，幾乎可以即時看到國外採訪者的反應，這不是因為通訊速度加快的關係，而是「延遲」消失了。速度的快與慢，可以從我們隔著螢幕是否清楚看到對方的動作來得知。所謂「低延遲」是指當對方點頭時，我們可以在極短時間內就看到他做這個動作。

以開車為例，駕駛者看到對面有車會立刻踩煞車，從踩煞車到停止之間所費的時間，就是延遲。或者當眼見快跟對面來車相撞時，駕駛一定會按喇叭示警，那麼按下喇叭，對方需要多久時間才能聽到，在這段時間內延遲就會發生。

這和速度一樣，聲音與光的傳播時間有其極限，因此延遲會發生。

和光纖相較，4G 通訊的速度就慢了很多。比如說有輛無人車撞上對面來車，如果雙方用的是 4G 通訊，通常是在撞車後才收到訊號「撞車嘍」，一旦換了 5G，警訊會從一開始就傳達到位，這時接到警訊的駕駛就能當下判斷，究竟該轉動方向盤或踩煞車。這是 4G 與 5G 的不同。

為了讓台灣的民眾在公共場合中都能利用 5G，政府投入高額的設備與資金，選擇在4G利用率較低的地方先建置5G設備。這是之前不曾有過的做法。

先從偏鄉建置先進的5G是為了消弭不公平，既能確保偏鄉民眾學習與管理健康的權利，也藉此拉近城鄉的差距，讓偏鄉脫離弱勢的宿命。

還有，線上學習必須接上網路才能運作，但地理上的隔絕使得高山與離島缺乏建置的條件。相同地，網路環境若不完備，視訊授課就無法實現。台灣政府在二〇一九年制定目標，決定先從位在高山的學校投資設備，內政部還為此出動直升機，設法克服困難，以便在山上建置基地台。

網路設備是否完備也攸關安全。台灣有許多小島，很多小學生會去小島體驗划獨木舟。讓孩子們接近大自然、經歷冒險是戶外活動的目的，不過當孩子划著獨木舟穿梭海上時，必須顧慮安全，因此事先想好救援的步驟是必要的。網路設備萬全的話，孩子們就不會有危險，能夠安心探險，讓大自然成為良師。

體驗大自然，有助孩子們身心成長，極為寶貴。缺乏大自然體驗的孩子，就像被囚禁在平地人營造的建築物似地，生活貧乏無趣，VR（虛擬實境）

終究只是虛擬，和真實存在的大自然完全不同。

無論 5G 或未來透過衛星誕生的 6G，這些高科技都會帶領人們去到遠方，開拓視野，是教育中重要的一環。先從偏鄉開展數位教育是有遠見的做法，當理解其中的意義後，就知道我們在做的並不是小事。

人會受制於 AI 的想法是杞人憂天

AI 將取代人類是杞人憂天的想法。

隨著社會數位化發展，我們可以享受不少好處，網路愈普及，人類工作的方式也隨之改變。眾所週知，為了有效地防疫，遠距工作者和機會都增加了。愈來愈多人了解到即使隔著遙遠的距離，事情依然能順利進行。在任何地方都能工作的時代來臨了。

因為這樣，所以有人開始擔心機器與 AI 發展過度，人類的工作會被取代，或擔心白領階級和藍領階級間的經濟差距會逐漸拉大。

我不這麼想。工作需要「認知能力」與「手動能力」，需要認知能力的工作較難被機器取代，但手動的工作就容易被取代。此外，工作的任務有「例行性」或「非例行性」，例行性是能用明確的指令描述執行的方法，能寫成電腦、機器人可執行的程式，這也容易被取代。儘管如此，其中的層次依然要分得更細膩，應該說，手動能力雖容易被取代，但不會完全都被取代，非例行性工作也是。

再舉例來說，為了讓ＡＩ（人工智慧或人工智能，Artificial Intelligence)記憶工作的內容，有一種單純的輸入作業稱為「教導數據（teaching data）」，針對「什麼是汽車」、「什麼是房子」、「什麼是道路」這種疑問，於加註解說後貼上標籤，像老師在做的事那樣，為了什麼都不懂的ＡＩ，先花二至三年傳授一些基本知識。在這種時候，註解與貼標籤就是例行性工作，等ＡＩ累積了一定程度的基礎資料後，再讓電腦承接。

現在的ＡＩ已達到小學一、二年級學生的水準，不用再教它「這是紅燈」、「這是綠燈」這種基本常識了。以前，當詢問Google「這是斑馬線嗎」或「這是汽車嗎」，「請輸入」的訊息也會顯示，這時需要輸入後正確答案才會出現。但是現在的ＡＩ早已學會英文單字和數字，根本不需要輸入，也不用再問「哪一個是紅綠燈」，ＡＩ就能立刻辨識了。

由此，教導數據與貼標籤這種作業只是過渡期，待電腦學習到了某種程度後，就不需要人為了。可能因為這樣，有些人很沒安全感。

不過，電腦或ＡＩ有視覺感測不過是二〇一五年、近六年才有的，即使要搶人的工作也沒那麼快。而且無論ＡＩ最後進化到什麼程度，透過人的手來做紀錄的工作並不會完全消失，因為紀錄是一項極為重要的工作。以數據分析為例，參考數據後做出最終判斷的，從最基本到高端依然需要人來做。

現在，非例行工作中的基本部分雖可以交給ＡＩ做，但最終的責任還是人在承擔。以出版為例，從事編輯工作的是人，把書編輯出來後提供給讀者，這時編輯優秀與否就有區別。這個區別並不在於一分鐘能讀幾個字，而是必須具備獨特的觀點，如何在龐大繁雜的詞語中發現其獨特性，並運用其獨特的眼光做出有活力的報導。

這種工作就牽涉認知、手動、例行性與非例行性，而這是ＡＩ怎麼樣都做不到的。ＡＩ能做的只是找出文章中每一個段落的重點，將能用的名詞、專門用語數據化後貼上標籤。從這一點來看，ＡＩ也許是一個能幹的編輯，但即使如此，根據專業或推理能力而負責下判斷的還是人，或者說只有人有能力下判斷。

我對翻譯感興趣，所以對ＡＩ的翻譯能力能達到什麼程度很好奇。以現在的技術來說，ＡＩ可以做到的是像工程、法律這種有標準答案的翻譯，或者像翻譯ＥＵ各國語言的法律文章那樣，因為已有很多基礎資料，標準答案不可能錯，所以這種翻譯ＡＩ可以做。

但是，詩和小說等文學類作品的翻譯就不一樣了。小說雖能被翻譯成外文，但不同譯者翻譯出來的作品一定不一樣。從某種意義來說，這種翻譯等於是重新創作，形式上是翻譯但實際上是創作。由此，要讓ＡＩ翻譯這種需要創意的類型，恐怕還有困難。

ＡＩ不過是輔助工具而已

手動與非例行這種較機械化的工作，未來可以交給ＡＩ，但負責工作品質並加以調整的還是人。我想，這是未來人類與ＡＩ合作的標準模式吧。

ＡＩ存在的目的只為了輔助人類，並不是人要遵循ＡＩ的判斷做事，工作最終的調整和責任都必須由人擔負。

這和民主主義制度有某些共通之處。例如總統和行政院長說的話未必都是正確的，即使他們說了不對的話，因為我們有言論自由，所以能出面指摘錯誤後再提出更好的意見。如果盲目相信地位崇高的領導者說的話，民主主義也沒有意義了，要求盲從是獨裁體制的特徵。

我從小親近電腦，和電腦的關係就像賈伯斯的「心靈腳踏車」（Bicycle of Mind）。人因借助腳踏車這個工具，得以去到更遠的地方，也可以爬山，但切記，腳踏車最終只是輔助工具。我們借助腳踏車爬上山，在山頂上拍完照以後，再騎著車回家，重要的是你去了哪裡、經驗了什麼、完成了什麼事。

利用工具ＡＩ的確可以跑得更快更遠。在跑步的過程中，工具僅只是人的助力，而不代表讓工具代替人跑步是件值得鼓勵的事。

ＡＩ詢問，人類想往那個方向前進

關於ＡＩ，有一種說法：「二〇四五年，技術奇點（Technological Singularity）即將來臨，而那是ＡＩ的能力超過人類的時代。」

技術奇點是人類開發ＡＩ以後才有的想法，也是人願意如此才會造成這種後果。

以前也有類似說法，例如「末日之鐘」、「核戰倒數計時」等。有人甚至推測：「再過幾年，核戰會爆發，地球會因此毀滅」、「地球即使存活下來，人類的文明也會毀滅」、「氣溫如果持續上升，人類的文明將被消滅。要活下去的話，人類必須大幅度地改變」。

即使狀況變得如此不堪，我認為，地球不會消失，但人類的文明會遭到破壞。

提及二〇四五年會發生技術奇點的用意，並非因為反正人類會滅亡，所以從明天起什麼事都不用做了。重要的是，在ＡＩ已存在的現實生活中，當務之急應是為了遏阻輻射擴散或減少排放二氧化碳，該如何活用ＡＩ？

何不讓ＡＩ協助人類，一起認真思考拯救地球的對策？例如如何為下一代留下更好的地球環境，要做到這一點，最好的對策是什麼？讓ＡＩ科技存在的意義應是不斷反覆地詢問，人類究竟想往哪一個方向發展，而不是任由ＡＩ來控制人類。

當然，「數年後可能會發生核戰」這種想法並非完全沒有意義。直到現在，人類社會中，雖不曾爆發核戰，但日本的廣島與長崎確實呈現了人類曾使用核爆的歷史。由於造成的慘況令人不忍卒睹，因此矗立在廣島的和平紀念館成為永遠的地標，向全世界持續提出廢棄核武的訴求。

另外，大地震等天災破壞核電廠，導致核輻射污染也是事實，儘管並非人為，但事實顯示人類雖懂得控制核能，卻也目擊核污染造成的嚴重事態，因而得知核能引發的後果已超越人的想像和智慧。人類理應以此為誡，學習謙遜並與大自然和平共處。

人類不應傲慢地自以為了解科學，就等於了解萬物，更不宜以「危害下一代」作賭注，為短期的利益犯下巨大的風險。這麼做太愚蠢了。

為減少成本損失，以及降低下一個世代利用核能發電可能產生的風險，核能研究家已耗時研究如何將核廢料轉化成能源，但目前還沒有具體的成果。

我不是在談論核能的好壞，只希望人類要懂得謙虛，以更長遠的視野與更大的格局思考核能未來的發展方向。科學家和核能工程師必須思考對社會來說風險最低的方法是什麼，這與思考二〇四五年的技術奇點是一樣的。

詢問ＡＩ超越人類究竟是好是壞，就和詢問地球溫暖化產生的後遺症是好是壞是一樣的。已在現實生活裡發生的是，全球各地陸接連發生森林大火、海平面上升、都市下沈……，這樣是好還是壞呢？這表示人類迄今為止的生活方式是有問題的。核武戰爭造成大氣層充滿輻射，只剩蟑螂能存活，這樣是好是壞呢？

畢竟ＡＩ超越人類的事實尚未發生，即使現在被詢問，也無法準確地回答。只能說，科技奇點帶給人類的啟示是，如果人類想維持現在的生活方式，那麼是否就別再研發那些會招致不良結果的技術呢？

與其擔憂還沒發生的事，不如優先思考為了不要讓世界變成那樣，我們該做什麼、可以做什麼。

人類如果像現在這樣，持續排放二氧化碳，任意讓輻射污染蔓延，或放任ＡＩ機器取代人類並進而控制人類，那麼毫無疑問地，現有及未來的人類生活勢必遭到破壞。科技的發展雖催促人類向前走，同時也有警示作用，讓人類警覺到未來可能發生的危機。這是人類必須謙虛接受的事實，也要設想解決之道。

總歸一句話。與其煩惱「ＡＩ如果超越了人類，該怎麼辦」，那還不如先思考「人類究竟想朝哪個方向前進？為了達到目標，需要做些什麼？」這才是正理。

深度學習無法說明達到結論的過程

「二〇四五年將發生技術奇點」的想法之所以形成，可能因為ＡＩ發展迅速的關係。

二〇一三年以前，當我們談ＡＩ時，通常是比較簡單也容易解釋的一些技術。只要輸入資訊，ＡＩ就能代替人類處理繁瑣的工作、節省時間，這一點，現在也沒改變。只不過隨ＡＩ愈來愈進化，人沒必要再為其輸入「教導數據」，因為ＡＩ已摸索出一種學習方法，那種學習既非經由人類引導，也不是從人類既有的方法中學到，即使學到，ＡＩ也無法解釋。

ＡＩ找到學習方法後會自動學習，而且逐漸提升水準。例如為了讓ＡＩ認識草莓，教導數據先用複數畫像表現「這是草莓」，隨後ＡＩ會透過畫像蒐集「草莓」這個物體的顏色、形狀，也會找到類別、規則並設定特徵的數量。結果是，ＡＩ能很快從大量的畫像裡發現草莓。

這就是「深度學習」（deep learning）。這種深度學習的成效，讓有些人擔心ＡＩ終有超越人類的一天。但我認為是杞人憂天，只能說ＡＩ正在往更高度的方向行進，如此而已。畢竟人的思維方式，依然能某種程度地說明深度學習的過程，但現在的ＡＩ不具備這種能力，主因是它已不再引用人的概念。

現在的ＡＩ並非依靠人類推論的過程或法則來描述這些資料，而是根據所輸入的資料去找出資料之間的連結，與人的概念毫不相干。當我們在閱讀資料時，通常會受人類抽象概念的影響，例如圍棋術語中，有一種說法是「這個黑子已是死棋」。這種活或死的判斷唯獨人類才有。

傳統下圍棋的程式常用這種概念推導，但深度學習並不受這些概念影響，人類甚至不用教導ＡＩ下圍棋的規則，而ＡＩ也不受人類概念的影響，它自己就能導出如何下會更好的結論。

原因是以前的ＡＩ是用人類的概念加以推導的，所以人類會知道ＡＩ為何做出這個決定，但進入深度學習的階段，一開始因為沒有運用人類的概念，因此ＡＩ做了決定以後，人類並不知道緣由，ＡＩ自己也不知該如何說明。

這也許類似睡眠學習。我很重視睡眠的品質和時間，就算閉起眼睛睡覺，腦筋還是在活動。在夢裡，我會做出一些判斷或想出一些做法，醒來後卻只記得最後的結果。

比如說，睡覺前我會閱讀工作所需的資料，純粹閱讀，不下判斷。因為如果用腦判斷會睡不著。所以我把資料輸入腦內，心想，起床後，一定要有答案。結果第二天早上起床後，答案果然出現了。不過我自己也不知道，睡覺時我的腦子是如何運作的。

有一次，有個和外交部、衛福部有關的研究機關來找我，希望我以五分鐘的時間向海外分享台灣的新冠病毒對策，讓不了解台灣防疫模式的外國人了解，隨後遞給我一份超過一百頁的紙本資料。

對我來說，這是相當困難的任務，情報量太龐大而說明的時間太短，如果有一小時，也許我還能夠深入淺出地說明。於是我在睡前快速閱讀資料，把所有資訊都裝進腦裡。第二天醒來，腦裡跳出三個關鍵字「Fast（快速）」、「Fair（公平）」、「Fun（有趣）」。後來我就用這三個關鍵字做主軸，再列舉幾個事例，說明了台灣模式與其他國家的區別。

再舉一個例子。我們曾用「Humor over Rumor」（幽默應對謠言）這個概念釐清假新聞，這點子也是透過睡眠學習到的。防疫初期，國內曾發生搶購衛生紙，後來行政院長用滑稽短文「咱只有一粒『卡臣』（臀部）」，平息了搶購騷動。這個點子源自「Humor over Rumor」的概念。

那些語彙為何會浮現？我自己也不知道。在夢中，究竟我做了什麼判斷、湧現出什麼構想？完全不清楚，只知道眼睛睜開答案就出來了。「Fast、Fair、Fun」確實是我想到的，但是這三個標籤如何在夢中成形？如何在大量資訊中抽出？連我自己都無法說明，只知道在夢中我們運用的是完全不同的概念，可能因為如此才會出現連自己都不知原由的結果。

思考深度學習在社會中的定位

我不是一天到晚都在做夢。醒來後，會思考如何把所獲的結論與其他人共享，就算我個人對「Fast、Fair、Fun」這個結論感到滿意，也要做到符合衛福部、外交部的期待才行。所幸我想到的那三個關鍵字，確實地傳達了他們想表達的。

這個時候，不能因為我是政務委員，所以就塘塞地說反正我就是夢到了。我必須要能明確地提出證明，這三個關鍵字符合需求。我所扮演的角色是，在「Fast、Fair、Fun」這三個關鍵字與實際發生的事實之間架一座橋。

在新冠病毒對策中，「Fair ＝公平」意指口罩實名制銷售，意思是在口罩銷售上需顧及「公平」，但「公平」是一種抽象概念，因此有必要說明公平分配口罩是怎麼回事，並由我負起說明的責任。而我可以說明的是，在一種「橋樑」的概念下，這幾個「Fast、Fair、Fun」連我自己都不知如何形成的口號，出現了。簡單地說，橋樑連結了這幾個口號，是一種創新式連結，而這也是我必須擔負的「說明的責任」。

醒著的時候，我實踐了身為政委的工作，睡著以後，雖無法執行任務，卻在不知不覺中產出「Fast、Fair、Fun」。而我知道，「橋樑」是一個關鍵的概念，導引了我找到「Fast、Fair、Fun」這個標籤，也盡到說明標籤的責任。因此，如果將這個實例套用於深度學習，就等於在暗示，如何開發讓ＡＩ擁有說明的能力，是有必要的。

在人群裡，有人不擅長感受別人的內心想法，他們可以若無其事地做盡壞事，這種人被指責為「沒有良心」。機器的特質就是沒有感受，它不會感受到人的愉快或不愉快，人群裡也有這種人。而我們有必要思考的是「為了營造一個讓人安住的社會，需要經過什麼過程？」

我不會開卡車，沒有卡車的駕駛執照，但還是可以和社會整體一起思考該如何解決社會問題。舉例來說，若要開卡車，就一定要知道怎麼發動引擎，所以執照有其必要。同樣地，沒有開戰車的權限卻硬要開戰車，是一件危險的事。沒有駕駛戰車的權限就不要駕駛，萬一違規了，社會群體還是有必要出面勸阻。

相同地，因為「不爽」所以發射核彈，是不對的。這種大規模的破壞行為，需要預防並嚴格地予以限制，否則會導致社會蒙受重大的損害。

深度學習也一樣。AI深度學習的目的是為了讓社會向前邁進，類似導航，但AI只聽令行事，並無法自動駕駛。

畢竟行事需根據「社會規則」的基準。我們總不會讓不了解社會結構的孩子們，貿然地就去駕駛巴士，這是社會所不容許的。日本的動漫「新世紀福音戰士」雖有類似場景，例如主角少年搭乘人形機器和神秘的敵人作戰，但這是特殊的例子。

現實社會有強力的限制，所以人如果做出悖離社會倫理觀和價值觀的事，一定會被追究責任，簡單地說，若想改變社會的價值觀，就有必要善盡說明的責任。

真正有能力負責的人，也許最後會被允許駕駛戰車。同樣地，要如何定位AI的深度學習?茲事體大，這是需與社會全體一起討論的事。

大家針對一個重要議題共同討論。這種態度也適用在其他技術上。眾志成城，這麼做，也許就不至於覺得深度學習有那麼恐怖了。

捨棄競爭原理，追求公共價值的產出

目前，我們談的都是「ＡＩ再如何發展，人力能逮之事依然很多」，而且可能有不少人會想，「只有人，才有本事從事創造力的工作」。

話說回來，ＡＩ也有創造力。人和ＡＩ比賽下圍棋的時候，人想得到的方法都由經驗累積得來，經歷歲月後習以為常，但是人忘了ＡＩ的進步也需要時間，創造力的定義需看狀況而改變。當ＡＩ在進化時，人類社會總先入為主地定義「ＡＩ缺乏創造力」，認為這是ＡＩ需要克服的唯一難題。但這種想法並不公平。

在思考ＡＩ的創造力時，人也應思考如何互利。人類理應秉持謙虛。中世紀曾有個時代是用阿拉伯數字來計算，當時乘法很難解，不過人類還是學會了，也並沒有自滿地說自己「好厲害」、「好棒」。這是人類要接受的事實，如果要求的是速度，那麼讓電腦來做會更快，用機器代勞人手更有效率，都不表示就是對人的否定。

「創造力」的定義每天都在變。機器常提供新的素材，所以我們的創造力也日新又新。這是相乘效果，也是一種相互學習，是好事。

有一天，當你的工作有一部分被機器取代了，而你反應過度地表示：「那是技術的問題。」那你就認輸了。但如果你想的是：「機器能做的就讓機器去做。我來做些更有公共價值的事吧。」隨後專注在價值更高的工作上，那麼即使機器替代你做了一部分或大部份的事，我相信，你仍然會對自己所做的感到滿意。

怎麼說呢？因為你所做的事是公益，能為社會和經濟帶來某種公共利益和好結果，等於肯定自我的價值，是好事。

「達成公共利益」和與他人比較優劣，是兩種完全不同的概念。與其一逕地追求比別人高明的成就感，不如與芳鄰攜手共同解決社會的問題，這能帶給你更大的喜悅。

如果你追求的只是與他人較勁的成就感，有一天當機器比人更厲害、更高明十倍時，你一定會感到不爽。但如果你因為自己創造了公共價值而為此感到愉快，那麼即使機器因為做了同樣的事而獲得高出十倍的報酬，我相信，你依然會因自己創造了十倍的公共價值而感到欣慰。

我們必須重視那種價值，無須侷限在競爭思考的框框中。

當我還是孩童的時代，幾乎很少看到坐輪椅的人，不是因為坐輪椅的人少，而是他們外出不方便，乾脆足不出戶或只在家裡附近走走。但是現在，台灣社會的公共建設增加，並且導入許多無障礙設備和全方位設計的建築物，現在到處都看得到坐輪椅的人，無論借助別人幫忙或自己行動，都能以最自然的樣子出現，並覺得環境友善，沒有障礙。

我在思考都市設計的問題時曾想：「如果能設計一種對輕度失智者友善的街道，那該有多好！」有了這種無障礙街道，就會有更多輕度失智症患者勇敢踏出門，勇敢參加社會活動，如此也能預防從輕度轉變成中度或重度。如果整個社會環境一開始就讓這些人卻步，影響他們參與社會的意願，最後一定導致症狀加速加重。哪一種做法比較好？答案很明顯。

當我們思考如何創造每個人都能快速融入的社會環境，再來構想如何活用ＡＩ，就很恰當了，這時也沒必要擔心自己的工作會被ＡＩ取代。如果能將達成公共利益當做人生的目標，相信我們的社會一定會變得更豐富與多元。

AI和人類的關係，像哆啦A夢和大雄

人的工作會ＡＩ化到何種程度？人還有什麼能做的？這是很關鍵的問題。人是主體，主導ＡＩ走向的是人類。人先設定目標，決定想實現的是什麼以後，可以把不需要做或讓ＡＩ來做效率更高的事交給ＡＩ，再來選擇自己能做的事。

人要不要當主體，取決在人。一樣地，要讓ＡＩ扮演什麼的角色，也是人可以決定的。

至少目前的ＡＩ還缺乏善盡說明的能力，當它下了判斷以後，既不說明也不解釋為何這麼判斷，就像獨裁體制下政府對國民下令做某些事，或類似早期權威的父親那樣，從不交代為何非做不可的理由。當ＡＩ從不說明原委，只知下令「你就是要這麼做」，久而久之，人一定喪失學習的動能。人如果每次都遵照ＡＩ所云，順從地聽令卻從不表達自己的意見，也不和同事相互討論，時間久了，人一定無法優化與創新，只會重覆做相同的事而已。

你願意忍受這種不符自己期待的每一天嗎？

事實上，這也牽涉到人的尊嚴問題。人類究竟希望每一天怎麼度過？當ＡＩ下命令時，人如果質詢「為什麼」，而不把聽從命令當做好事，那麼在導入ＡＩ時，就絕對有必要讓ＡＩ的價值觀與人一致。

就像當ＡＩ質詢「為什麼非這麼做不可」時，人必須要能明確回答，善盡說明的責任。一樣地，當人質詢ＡＩ「為何非如此不可」，而ＡＩ也能明確地回答，盡到說明之責。如此，人和ＡＩ的關係才能釐清與互補。

當想像「ＡＩ普及社會」時，哆啦Ａ夢就是一個很好的例子。哆啦Ａ夢也是一種ＡＩ，今天我們對ＡＩ的想像，那部動漫早已實現了。

哆啦Ａ夢並沒有讓大雄去做他不想做，或者命令大雄去執行什麼。相對地，大雄也不是因為有了哆啦Ａ夢，就讓它代替自己去爬山，大雄依然必須學習和外出，哆啦Ａ夢存在的目的是協助大雄成長。

大雄也不會因為哆啦Ａ夢是優秀的機器人（ＡＩ），所以只信任它。大雄還有家人、同學和老師……，他也在各種場所進行各種交流。大雄之所以信任哆啦Ａ夢，並不是因為哆啦Ａ夢會變出很多好用的工具，而且如果過度信任哆啦A夢，反而會讓大雄和社會脫節。

所以，當我們考慮AI在人類日常生活中所扮演的角色，只要想到哆啦A夢和大雄的關係，就好了。

數位如果不能讓高齡者方便使用，那就要改良得更好

由於數位社會愈來愈發展，於是有人擔心：「像高齡者這種不習慣使用數位的人群，會不會被遠遠地拋在後面？」

我覺得不用擔心。以在超商和藥局購買防疫口罩為例，當銀髮族在超商和藥局購買口罩時，會有人力從旁協助，像藥劑師或超商店員通常會站在讀卡器旁，一看到不習慣做機器操作的老人家，都會立刻向前主動協助。

利用機器購買口罩雖然稍微費時，也不失為一個學習的機會。因為如果沒有這種機會，最後覺得機器棘手者可能連怎麼用都不再詢問了。如此，社會愈來愈分化，造成斷層。

我八十八歲的祖母也學習了怎麼買口罩。我父親帶她去超商，教她如何操

作機器，第二次，祖母自己就知道怎麼操作了，不僅如此，祖母後來還帶了比她稍微年輕的朋友去超商，當場教他們操作。

一般說來，知道怎麼學習的人通常也懂得怎麼教別人。這種做法的用意是「不圖少數人方便，更要讓所有人都有學習的機會。」數位技術很重要的一點是，要「每一個人都能輕鬆地使用」，這麼做了，才能和社會創新產生連結。

如果高齡者覺得數位技術不好用，那麼要負責任的是程式設計師，一定是程式設計的問題或端末器不好使用所致。這時，為了延長高齡者的學習期限，提高他們的學習興趣，程式設計師應該下功夫重寫程式，改良端末器設計。這麼做，才符合配合高齡者需求的社會創新。

要做到這一點，程式設計者必須做什麼樣的努力？我認為，設計者的思考必須接近使用者，並從中培養自己的創造力。最快速的方法是，程式設計師與ＡＰＰ開發者將自己設計的程式送給接觸最少的人群使用，這麼做可以培養同理心，並從中領會問題的核心，像「老人家們不會用什麼」、「為什麼覺得不好用」等。

程式設計師在設定開發方向時，有必要歷經一種理想的過程，所謂理想的過程是指「去訪問並聆聽程式使用者的需求」。

程式設計者的問題通常出在「生活的經驗貧乏」，他們比較習慣和自己成長背景相同、年齡差不多的男性交流，就算到處聆聽，最後還是選擇與同溫層一起開發。可是，這麼做根本無法做出對萬人有用的程式。

相對地，如果程式設計師住在不同的場所，或者開發團隊的夥伴很多樣化，有各種年齡層、不同的文化和出身，那麼在開動腦會議時，意見會比較多元，也會主動配合各種需求。要設計出讓每個人都覺得好用的程式，最好是這麼做。

聆聽別人說話，可以獲得新的視點

我喜歡聆聽別人說話，有兩個理由。

一是可以超越限制，不再只從自己的生活角度看事情。即使身處同一個世界，如果用不同的角度觀察世事，跨越受侷限的眼界是可能的。

第二，透過對方的經驗和背景，領悟「原來也可以用這種觀點解釋世界」，對方所經驗的事如果有一天降臨到自己身上，也許選擇的應對方法會不一樣。換句話說，透過對別人經驗的理解，學習培養自己的視點，等真的發生一樣的事了，也可以體驗新的人生經驗，就像是學習未來。

中學休學前，我曾在烏來泰雅族部落待過一段時間。泰雅族是台灣的原住民，他們把我當成居住平地的台灣人，一起上實驗教育學校的人。

泰雅族人曾說：「平地人以為原住民需要接受教育。但是我們覺得平地人才需要再教育，因為他們沒有學到如何善用大自然的資源。平地人要想獲得更好的教育結果，要先了解原住民如何與大自然相處才行。」我向原住民學習了許多事，與他們友好的交流是貴重的體驗。

傾聽別人說話是我的習慣，為了讓高齡者親近ＩＴ，也需要一起和他們討論。

有一個「裝裱書畫推廣研究會」，會員都是七十歲、八十歲、九十歲的老人家，他們會到社創（社會創新實驗中心）參訪。我從他們身上學到很多事，他們會提出各種建議，像「社創的電梯的速度要慢一點」，「二樓扶手的高度要注意，因為我們很多人坐輪椅、拄拐杖、使用步行器。」如果只待在室內討論而不去現場，很容易錯過聆聽這種意見的機會。

「這麼做的話，使用起來會更方便。」銀髮族如此建議後，我們立刻著手照做。當視障者表示「盲人不容易買到口罩」後，我們也立即改善。

我喜歡聽人說話。即使和政治不相干也很好，這純粹是單純的興趣。

超越年齡之壁，年輕人與高齡者「青銀共創」

「青銀共創」的意思是，青年和銀髮族共同創造與創新的意思，用意是讓年長者和年輕人相互學習。換句話說，年長者向年輕人學習「如何和現在的數位社會交流」，年輕人則向年長者學習人生的智慧和經驗，我的社創工作坊裡就有這種團體進駐。

有了新的視點，才能夠創新。最近，許多ＩＴ製造出來的新機器，像步行器、外骨骼裝，都能協助高齡者和障礙者便於行動。駝背、無法拿重物走路的人，只要穿上外骨骼裝，連重的東西都搬得動了。失眠者也能活用ＩＴ

改善睡眠，因為智能ＩＴ知道如何指導睡不好的人調整躺臥或枕頭的角度，可以助人一覺到天亮。

ＩＴ對提升高齡者的日常生活品質有極大的貢獻，對身體衰弱但心智和精神依然強韌的老人家來說，善用這種機器，仍然可以持續積極地參與社會。

我常說，高齡者依然能對社會做出許多貢獻。我小時候心臟不好，身體很弱，無法自由走動，後來透過手術，去除了讓我行動不便的障礙。現在ＩＴ與數位技術日新月異，人的身體即使有些微障礙，如果善用ＩＴ裝備，年紀再大還是可以到處自由走動，為社會奉獻心力。

最近，接受日本媒體採訪的機會增加，常被問到：「日本的ＩＴ大臣（注：竹本直一，二〇一九年九月就任）已經七十八歲了。請問唐政委對這一點有什麼看法？」七十八歲，和我父親屬於同一世代。

行政院長蘇貞昌七十四歲，不算年輕了，但我向蘇院長說明事情時，他從來沒說過「再講一遍」，表示他的頭腦很清楚。因為身邊有這樣的人，所以我從不覺得年齡是障礙，也不認為年齡會阻礙彼此的交流，心智健全的銀髮族對社會依然可以有貢獻。

唐鳳位於社創的辦公室牆上掛著一副來自老人家贈送的對聯，
「唐裱傳日增風彩　鳳展睿智助創新」，將唐鳳的姓名分別鑲入上下聯。

擁有專門能力者適合做縱向的指揮工作，其他年齡層的人，像我就可以做類似策劃的橫向溝通。

在我的社創辦公室牆上，掛著裝裱書畫推廣研究會致贈的對聯，對聯上的書法寫著「唐裱傅日增風彩　鳳展睿智助創新」。研究會的會員大多是八十多歲、九十多歲的老人家們，但他們和年輕人一起做創新的事情。

談到高齡者的再就業，我認為，社會必須具備一種寬闊的視野，創造出讓銀髮族發揮專長的場域。要求銀髮族從事與他們過去的職業相關的事情是沒有必要的，因為銀髮族擅長的事和社會所需求的事之間可能有差異，為了拉近這種距離，銀髮族也許有必要再學習。

我認為，有必要創造一個中間點，讓年長者的擅場與社會的需求能磨合。這也是一種創新，等於是創造新的社會角色與職業。這一點很重要。

年輕人和銀髮族看事情的角度不一樣，在發行三倍券以前就預想到這一點。為了降低新冠肺炎病毒對經濟帶來不好的影響，台灣發行了三倍券，設計三倍券時，我們製作了兩種版本，一種是為了習慣使用紙本者，一種則為了習慣使用信用卡者，結果發現選擇兩種版本的比例各半。

在設計之前，我們曾聽取了年輕人與高齡者的意見，如果沒這麼做，就有可能忽略其一，但任何一方都不能漠視。「如何鼓勵不同的世代者一起擬定政策」是政府需要思考的關鍵問題，從這種觀點出發，再聽取各世代的意見，就可以了。

在數位發達的社會，不可欠缺的是包容力（Inclusion）

透過傾聽，能讓人獲得新觀點、創新連結，利用ＩＴ設計出輔具就是一例。近年，開始積極利用像步行器和外骨骼裝這種輔具的日本和台灣高齡者愈來愈多，這些人外出的動力也受到鼓勵。

接受嶄新觀點的做法，也能套用在有高生產力的藍領或勞動者身上。藍領階級也很有創造力，擔負著許多需要創造力的工作，像燒製磚瓦就是，這需要經過許多程序，沒有創造力是做不到的。

此外，為配合在地狀況，工作方式常需要隨之改變，像發生地震、大自然災害時，就有必要營建出結構耐震的建築等，這時只需導入進步的機器，自動化就能形成。以前，對著農作物施肥或噴灑農藥都依靠機器，但現在無人機和機器人也會做這些事了。

除了創造力，價值觀也很關鍵。需要依賴價值觀來做選擇的事情依然存在，例如「種什麼好？」「用什麼栽培方法好？」「對環境有益的農法有哪些呢？自然農法嗎？有機農法嗎？」這些必須是有創造力的農家才做得來的。

勞動者也一樣，費事的事交給機械吧，如果機器做出的結果和人做的一樣，那麼就讓機器代勞吧。以施工現場為例，為了提高搬運的效率，就有工人利用外骨骼裝搬運笨重的建材。

至於創造的動機應該是基於需求。之所以創造外骨骼裝是因為認知到「搬運笨重建材很累，很不愉快」，才激發創造的想法，無關乎ＡＩ是否存在。類似這種構想，無論在任何狀況、任何時間都有可能浮現。經歷了這種過程後，人和ＡＩ會一起進步。這是個無需否定的事實，沒有所謂「ＡＩ搶人的工作」這回事，反倒是讓ＡＩ從旁協助，人的工作效率能夠提升。

對數位感到疏離的人永遠存在，但即使如此，我還是不會認為不學數位就是落伍。

為了縮短數位差距，不是只做一、兩件事就沒事了，還要有不捨棄任何人的包容力。有了包容力以後，還要有兩種價值觀：永續發展和友善環境。如果能做到這一點，那麼政府各部會和地方政府在發展數位服務時，就不會犧牲長者和藍領階級，以及即將擔負下一個世代的年輕人了。

在這一部分，我自認對政府有貢獻。所以，我的計畫不只一個。

活用AI，創造出人人心有餘裕的社會

如果非要定義「資本主義等同市場競爭」，可能會引起爭論，因為在現實裡，社會的形態混雜著許多其他的要素。

台灣社會的長處是「強大」。支持地方發展的是許許多多的公會、社會大學和NPO（非營利組織），因為社會組織強大，所以高齡化並非難以解決的問題。如果我們想對社會有所貢獻，並不一定需要靠競爭或奪取別人的資源，高齡者透過社會活動所獲得的成就感，極可能比退休前來得高。

從第一線退休的高齡者，理應捨棄與他人競爭、比較的念頭。當然，也有

不易接近的高齡者，但是高齡者如果專注為下一個世代努力，「和別人相比，自己怎樣……」的那種較勁的念頭會減弱許多，而且也沒多餘的時間對別人胡亂發脾氣和責罵。

聽說行政院院長蘇貞昌年輕時脾氣不好，當時我不是他的同事，所以不知道真正的情況，至少我現在絲毫不覺得他脾氣不好。蘇院長常開自己的玩笑，很有幽默感地說現在是「蘇貞昌2.0」。人的脾氣會隨年齡增加而改變。

台灣的教育和醫療健康也很有包容力，這與不捨棄任何人、每個人都照顧的包容性想法習習相關。

包容也有「總括」之意，是一種理想。並非「大多數的人好就好」，終極目標是讓所有人都有所得，被公平地對待。國民都加入保險的「全民健保」制度於一九九五年實施，每個人每個月繳低額保費，就能享有高水準的醫療服務，就是基於「我的健康是其他人的共同責任」這樣的理念。

醫療服務在台灣的離島和原住民地區也持續地在擴展與充實中，之前所提的先在偏鄉建置5G設備也是。因為我們認為，偏鄉者也能享有與都市人一樣教育和醫療的機會，從這一點來看，台灣的社會安全網做得很不錯。

人只要想創業，有追求的夢，風險自然伴隨而至，過程也不一定順利。這也無非厚非，畢竟就算失敗了，也不至於犧牲自己的健康和孩子的教育。這是台灣目前的社會狀況，至少最近十五年來社會是安定的。

任何事情都一樣，在強大的壓力下被迫競爭時，人絕對無法寬心待人，競爭會讓精神失去平衡與安定，是資本主義和競爭社會的弊害。另一方面，如果自己的精神健全、安定，很自然地就可以成為聰明而有禮貌的人，這是台灣社會的目標，台灣就是要形塑成這種社會。

為了達到這個目標，我認為，可以更有效地活用數位。

第二章

以實現公益為目標——

活用數位創造更好的人類社會

2

我的家庭以及我與日本的關係

我的職稱是「行政院數位政務委員」，不過，當政治家不是我的目標。一直以來，我就對公益感興趣，心想如果能在公務上活用程式設計師的經驗，也許會很有趣。

為什麼關心公益？答案可以在我的人生經歷中找到。在談工作以前，想先聊聊曾走過的路。

父親的母親蔡雅寶，也就是我的阿嬤，祖籍是鹿港，在彰化和美出生。日據時代（一八九五～一九四五年）受日本教育，讀到小學四年級，有日本名字「春子」（Haruko），會說日本話。阿嬤的祖父曾任鹿港文開書院的助教，當時的書院類似私塾，像日文的「寺小屋」，也是文化的搖籃。

祭祀孔子祠堂內的古茶色匾額鐫刻著「萬世師表」幾個墨寶，匾額是日據時代的作品，右邊刻著「大正三年（一九一四）甲寅仲春」，左邊是第五任總督（一九〇六～一九一五年）佐久間左馬太的名字。文開書院的建築仍保存得很完整，現在是彰化縣指定的文化古蹟。

鹿港文開書院，唐鳳的先祖曾經在此任教。

父方的祖父出身中國四川省龍昌，是空軍中士，極早學會英文，擅長操作雷達機器，長期在空軍服務，聽說他後來肩負偵察任務，曾參加一九五八年的八二三砲戰，擔負起防衛任務。

日中戰爭（一九三七～一九四五年）爆發後，祖父從中國移住台灣。在四川農家成長的祖父會四川方言和國語，阿嬤則操日語或台語。所幸兩人懂漢字，阿嬤婚後也曾學了一年國語，所以兩人之間的溝通完全不成問題。在我的記憶裡，他倆的感情很好，都是虔誠的天主教徒，也許是共同的信仰連結了他們。

祖父母兩人的邂逅與複雜的歷史息息相關。在互相隔離的環境中出生與成長，一個是中國大陸，一個是台灣，原本不會交會的兩人，因為捲入歷史複雜的漩渦，竟然在台灣離奇地邂逅，共組家庭，而且一起生活了半世紀以上。祖父雖沈默寡言但常寫詩，透過他寫的詩，能察覺到他對留在四川家人的思念。

祖父在台灣的老家是北海岸富貴角燈塔附近的老梅眷村，直到眷村拆除，我們一家人才搬到淡水的淡海新市鎮。這是新開發的地區，現在有輕軌，便捷多了。祖父已去世，阿嬤現在還跟我們同住。

我每隔兩週會回淡水探望家人，工作忙，不能回家時，一定會透過視訊跟阿嬤、家人說話。母方的祖母健在，祖籍江蘇徐州的外祖父過了一百歲才往生。

搬到淡水是我成年以後的事。在幼年記憶裡，我對老梅眷村的印象很深刻，從淡水到老梅不算遠，老梅在北海岸富貴角燈塔附近，以前每逢暑假一定回老梅。父親和他同一個世代的人都在眷村長大。我雖沒在眷村久住過，但暑假嬉遊的記憶依然清晰。

祖母和她妹妹去過日本，聽說曾慫恿祖父一起去，祖父沒去，不過應該和戰爭不愉快的回憶無關。祖父個性溫和，內心也許對日本存有負面的觀感，但並沒有因為這樣而在言行上影響子孫，作風開明。

我自己去過日本幾次。第一次是一九九八年七月二十六和二十七日，不是旅行，是赴東京參加「魔法風雲會」亞洲大會，那是交換卡片的遊戲大會。順便一提，那次大會我的成績是亞洲第八名。

雙親對我去日本完全沒意見。他們在成長期接受自由主義的洗禮，對日本並不排斥。我生長在風氣自由的家庭，父親姊姊的女兒，也就是我的表姐，嫁給日本人。在我家，和日本人結婚不成問題。

從雙親那裡，學到批判性思考和創造性思考

我父母都曾在中國時報工作過，兩人都理智開明。

母親李雅卿讀大學時專攻法律，善於辯論，曾是辯論社要角，後來從事記者工作，與語言、文字結下不解之緣。

母親看重的是創造性思考。她經常耳提面命：「別拘泥現存的類型和分類，要設法找出自己的方向。」

母親認為，語言的力量無遠弗屆，人如果能用語言明確地說明內容，必定會遇到與自己的想法類似的人。例如和想法類似者一起思考「如何做，才能讓生活過更好？」並為弱者爭取權利和主張而發言，自然而然地就會形成一種社會性的倡導，可以創造契機。母親後來投身實驗教育，是實驗小學的創始人之一。

父親唐光華退休後，自覺對敦促青少年養成自主學習的習慣責無旁貸，於是創辦了樂觀書院青少年俱樂部，直到現在都還樂在與青少年一起學習。

父親喜愛閱讀，書齋裡有各種各類的書，我常進出父親的書房，自由閱讀書架上的書，從來沒被責備過。

童年開始，父親就用「蘇格拉底式問答法」（重覆對話，指摘對方說話矛盾之處，讓對方自覺無知後，再進一步引導對方認識真理）與我進行對話。父親從不否定我的意見，也不會在我腦中根植任何概念，如果有，那就是「別受別人的影響」，這培育了我的批判性思考。

批判性思考意指自我思考的養成，而非批評他人，是一種思考方式，「不偏頗地根據證據、掌握邏輯，有意識地咀嚼並反省推論的過程。」

父親從不給標準答案，也不認為有那種答案。他說在所有思考的機會中，乍看彷彿是標準的答案，其中必存在數個前提條件，換句話說，標準答案的存在是因為滿足了那些前提條件。然而前提條件會改變，如果一直抓住舊想法不改，就等於缺乏批判性思考，也會阻礙創造性思考的產生。

另一方面，當前提條件改變了，為想獲得新思考而捨棄習以為常的慣性想法時，怎麼做才好？

這時，就有必要留意周遭每一個人的感受、不得偏廢。新領域的發展方向需要徵求多數人的認同，如有反對者，也要將反對的意見納入考慮。當公正而不偏頗地接受各方的想法後，最終必能透過調整而朝向每個人都能接受的方向前進，從而創造出新的解決方法。這就是創造。

父親的思考方案之一是不受標準答案侷限，傾向於「將過時的想法導向現在受矚目的新方向，並在未來實踐新的思維。」從有記憶以來，父親和我常用這種方式討論事情，我的自立心也由此孕育。

舉例來說，新冠肺炎是前所未見的新流行病毒，可說是二〇〇三年SARS的2.0版。當然，兩者病毒不同，不宜相提並論，但對付病毒的方法可以彈性地改變。例如先凝聚共識，施打疫苗、戴口罩、別用摸其他東西的手去碰嘴唇、勤用肥皂洗手、維持個人衛生習慣、設法提高免疫力等都是。在與病毒共存的同時，人們對病毒性質的理解也會逐漸清晰，並藉此吸收許多新常識。

更重要的是，由於新冠病毒與SARS完全不同，而且持續變異中，因而從中得知用以前對付傳統病毒、SARS的方法，已不足以應付這個攻擊力凌厲的病毒，必須要想出新的對應方法、新的療法和新的哲學，例如與病毒共生。

在思考這個世紀大流行的爆發是否帶給人類新啟示的問題時，也許可以想成是對全球共同面臨的一個考驗，一個捨棄舊想法以獲得新思維的考驗。

邂逅「古騰堡計畫」是一切的開始

邂逅網路是在一九九三年，我十二歲那年。機緣是一個就讀台灣大學叫劉燈的朋友。劉燈在大學有學術用網路，他把帳戶借我用，讓我在家可以接數據機上網。數據機是父親買的，安置軟體模組後，透過電話迴線，就能跟其他電腦通訊。

透過台灣大學的學術網路，我和世界古籍電子化公開運動有了關聯，這也是我和「古騰堡計畫」相遇的初始。古騰堡計畫把作者已不在人世的名作電子化後公諸於世，這些著作經過一定的期限後，已沒有著作權的問題。

當時，我讀的中文書都是翻譯書，想讀的原文書又未必買得到。聽說網路上的「古騰堡計畫」可以免費下載原文書。這則資訊讓我很興奮。後來不僅從那個網站下載了很多書，自己也加入了計畫。

加入這個計畫的方法很多元，即使是用郵件轉達意見，比如說指出哪部作品的哪裡有錯字或漏字，也算對計畫有貢獻，或者僅只是為這個計畫做宣傳也算。當然，把原書一個字一個字地輸入電腦打成文字成為資料，是最重要的貢獻，可惜我當時的英文能力還沒那麼厲害。

現在回想，我對這個計畫的具體貢獻，是讓中文繁體和簡體字可以自動地轉換。

當時，網路上有許多內容都有中文，但卻未必能同時提供繁體版和簡體版，所以我寫了一個程式，讓原來簡體版的內容能自動地變更為繁體版。這也是我對「古騰堡計畫」僅有的貢獻。

我設計的程式叫「Han convert」，隨後陸續被許多人更動、升級，做成了更好用的版本，現在的「Open CC」比「Han convert」更進化，由於我的興趣轉到其他方面，所以之後就沒再跟進。包括我自己在內，現在還有很多人在用「Open CC」。

說起來，程式設計是把別人已有的構想拿來，在符合自己實際需求的前提下，自己動手逐步把它修正得更好。這和寫文章很類似，寫文章前先閱讀所有相關資料後開始撰寫，除了自己的視點這個部分是獨創的以外，例如像使用的單字是字典裡原就有的那樣，其他都不是自己從零開始創造的。

當然，創造全新的語言並非沒有可能。不過，創造的意義之一是，應設法將自己創造出來的語言和現在所使用的語言連結起來。因為如果不做連結，有可能不知道如何學習新的語言和如何翻譯了。我認為，如果不與其他的語言有所交流，即使創造出僅一人使用的語言，也沒什麼存在的價值。

透過「古騰堡計畫」，我學到的是大家如何合力把程式做得更好，這非常有趣。與這個計畫相遇是一切的開始。在不知道彼此的人種、年齡、性別，也不了解對方是什麼人的狀態下，卻能夠共同分享一個目的，也讓我找到自己的位置。

十四歲離開學校，開始用網路自主學習

我的心臟天生就有問題，病名叫「心室中膈缺損」。我身體很弱，一亢奮

起來，臉的顏色會變紫，還曾因此暈倒。但是，我不能對自己不健康的身體發脾氣，還有，我始終無法融入學校的集體生活。

小學二年級那年曾被同學霸凌。我曾想過，說不定是自己的個性有問題。總之，學校生活過得很不順利，經常轉學。算起來，總共換了三家幼稚園、六所小學，中學只待了一年，十四歲那年，在中學一年級的時候終於休學了。

在準備離開學校之前，獲得家人許可，我單獨赴台北郊外的烏來閉關。在靜謐的自然環境中，我一個人思考自己的未來。

當時，因為我在台灣中小學生「全國中小學科學技術展覽會」應用科學比賽中，得到第一名，所以被保送上高中，可以選擇自己喜歡的高中就讀。但我不想唸高中，因為我已知道可以透過網路學習，依照自己的興趣做研究。

ＡＩ和ＡＩ的自然語言處理，是當時我感興趣的研究題目，在研究過程中，認識很多學者並和他們對話。我很快就發現，和在線上學到的新知識相比，學校教育大概慢了十年。從此，我更確定直接從網路上學習更有效率。

我交往的朋友也大多比我年長五歲到十歲，人生觀點也很不一樣。有人認為還是去讀高中比較好，也有人建議我去海外留學，針對我輟學，意見紛紜，難有定論，我只好說，會參考他們的意見。

大概有二十多個人提供意見，每個人都認為他的意見對我最有利，是好的開始。不過，我心裡很清楚，朋友的意見無論有多少參考價值，最終決定的還是自己，畢竟在他們成長的過程中，網路還沒出現，有其限制。

此外，聽取各方意見也讓我無法集中精神思考。所以在和中學校長杜惠平見面時，我就直接表示：「想休學後自學。」

「想跟自己憧憬的名教授一起工作，一定要上好的大學。所以，讀好的高中是有必要的，至少在學校再待十年吧。」校長如此勸導。

當時，因為我已透過網路向國外教授們請益，在做交流，所以就把和教授們的通信出示給校長看，問道：「已經和教授們在一起做事了。如果每天上學，能用的時間會變少，高中一定要上嗎？」

我的要求讓校長很為難。中學是義務教育，當時還沒跳級學習的相關法律，應允我休學等於違反法律，校長是會受處罰的。我當然很期待校長支持我，對抗教育局的壓力。

沈默了大概一、兩分鐘後，校長開口了：「從明天開始不用來學校了。其他的，我再來想辦法。」

鼓足勇氣的校長，一邊接受教育局監督，一邊佯裝我有上學，保護了我。校長善意的謊言，讓我不需要上學，能依照自己的步調展開網路學習。事過境遷，現在總算能說了。

至於雙親的態度，母親一開始就贊成休學，但父親反對，所幸家人都很尊敬這位校長，連校長都說「沒關係」了，父親就沒再多說。我打從內心感謝杜校長的體諒與支持。

AI推論與維根斯坦哲學

十四歲那年我邂逅了人工智慧（AI）。那年我參加全國中小學科學技術展覽會，主題是「邏輯推論」，亦即設法讓電腦去演算邏輯哲學論理所說的自動推導的邏輯。科展對參賽者提出要求：「對著AI，描述一大堆世界的事情，讓它針對內容自己去做邏輯推論，然後找出你所描述這些事情的邏輯結論。」我的作品題名是「關於實踐Arithmetic的壓縮演算法」。

我那時已閱讀過維根斯坦（奧地利思想家）的《邏輯哲學論》，那本書的主旨是論述推論的基本。由於基本性的原理必須要畫幾張「真理表」的表才能做，我嫌用手做麻煩，乾脆就把麻煩的部分讓電腦代勞了。

例如把「人會死，蘇格拉底是人」的前提輸入電腦，電腦就會導出推論的結果：「所以，蘇格拉底一定會死」。這是最基礎的三段論法，從這裡出發，可以做其他許多理論的推論，數學家也能支援這個證明。

對AI推論感興趣還有一個原因是，我從小就喜歡數學，但寫的速度很慢，計算也花時間，所以不太喜歡。後來發現電腦可以代為處理這個麻煩的部分，計算也快，於是豁然開朗：「只學數學的原理不就得了。」數學的證明不需自己來，讓電腦代為執行就好了。

電腦是腳踏車，決定前進方向的主體是人，開始踩踏板以後，其他的就交給腳踏車。我們一次一次踩著踏板，驅使腳踏車向目的地前進，這樣的搭配就像賈伯斯的「心靈腳踏車」（利用工具，能更快、更容易地抵達目的地）。

維根斯坦的哲學思想分前期和後期，前期思想主要透過《邏輯哲學論》來表現。推論的基本論述啟發了我對AI推論的興趣，《邏輯哲學論》也像是尋根溯源地把程式技術背後的思想層次，放進寫程式的運算思維中那樣，是理解世界、架構世界和建構自己和語言關係的一種方法。

《哲學研究》是維根斯坦後期思想的大成，主要是論述「語言的意義取決於實際的用法」，簡單地說，比起結構，用法才是語言存在的關鍵意義。

我認為，比較早期的ＡＩ終始於反覆學習、僅限於專家的系統，這與維根斯坦的前期思想類似，他後期思想則偏重「語言的意義是根據依附在社會中的實際運用，而非由文章的結構所決定。」這種思想啟發我們重新思考，ＡＩ存在的意義也會隨人類的使用方法產生變化，並非固定不動。

維根斯坦使用語言的方法影響了我，使得我對語言的使用方法要求較高，始終想了解語言的含意、一個語彙是如何傳達意思的。

語言使用方法的變動性可以和創意連結。例如將每一個語彙的概念改變成不同的角色，再透過邏輯關係將之連結起來，而且連結的方式是非固定的，可以依照當時的實際需求加以變動，像畫圖那樣，不斷更動後再以最終成品反映世界真實的狀態即可。

我創造過新詞，例如「亞洲．矽谷」，在亞洲與矽谷之間用標點「．」連結。

如此，就可以想成是亞洲連結矽谷，或者矽谷反過來連結亞洲，都可以。

同樣地，為了區隔「社會企業」（譯註：Social Enterprise，簡稱社企。一種追求三重盈餘——經濟、環境與社會且永續經營的新商業模式）的概念，我在社會和企業之間，加一個標點「・」成為「社會・企業」，如此就不再是單純地用「社會」這個名詞去修飾「企業」，而是在社會的關係與商業的關係之間，透過新加的標點創造出一個創新式連結，並且反映出目前台灣關注的社會議題。

這種做法稱為一個邏輯的圖示、一幅picture，像拍照那樣。照相只能捕捉當下的一種狀態或一個角度，但邏輯的圖示是透過自己所見、所思的角度，盡量精確並完整地描繪出全像，而且帶有創意。這是邏輯哲學論對我的影響。

十五歲創業，十八歲赴美

十四歲那年我離開學校，一面自學一面擬定未來的目標。我的目標是要創立社會企業。

初次創業是十五歲，成立了一家出版社「資訊人文化事業公司」，自己寫書、出版，那家公司後來成為開發軟體的公司，我是技術總監，擁有三分之一股票（因為十五歲不能持股，所以由母親代理）。

可以說，人生中的第一筆薪水從那家公司領取，月薪台幣五萬元。公司後來又投資了海外公司，拓展國際事業，後來我離開了。

去美國矽谷創業大概是十八、十九歲。矽谷當時正在推展一個叫「開放源碼運動（Open Source）」，是原已存在的自由軟體運動（Free Software）的分支，時機正是自由軟體運動走向開放源碼運動之時。開放源碼和自由軟體不一樣，主要是開放源碼承認使用數位技術者個人的基本人權。

兩個運動的主張雖然類似，但開放源碼是把重心放在「大家一起來做公開的開發」，希望透過分享作品，讓每個人都能降低維護的成本，所以任何人很容易就能加入。

開放源碼運動我也參加了。具體的工作是把運動的基本理念譯成中文，或在網路上協助說服其他人也加入，像是倡議式工作。

二〇〇一年還是二〇〇二年吧，我成立的軟體公司開發了「搜尋快手

（FusionSearch）這種搜索的助攻軟體，短短三、四年之間，這套軟體在全球合計賣出約八百萬套，記得台灣的中央研究院也買了，等於我們也做了軟體鑄造場。現在回想，這是我和政府機構第一次接觸。還記得當時負責這個案子的是李德財（計算幾何學專家、原西北大學教授）和何建明（原中研院資訊研究所副所長）兩位教授，我們現在還有聯繫。

在矽谷我大概待了半年，主要目的是為了找到運用的模式，只要找到模式，人在哪裡並不重要。

三十三歲退出商界，參與開發 Siri

三十三歲那年，我從商業界退休，接著歷任蘋果、牛津大學出版社、台灣大型ＩＴ機器公司 BenQ 的數位顧問。

在蘋果任職時，我隸屬「Cloud Service Localization」部門，工作內容是把雲端在地化，也就是讓產品能對應其他國家的語言。

當時，iPhone 和 iPad 等蘋果產品的聲音助手 Siri 只會說英文，我辭職後，現在已能說各種語言了。

辭職前的最後一個計畫是讓 Siri 會說上海話，和台灣行政院的接觸就在那時，後來完全退出蘋果的計畫。直到現在，我還很清楚地記得把上海話大字典翻開掃描的那一幕。我不會說上海話，被賦予這份差事，就像不會游泳的人在當教練似地。

在設定首度購買的麥金塔（Mac）時，常被詢問「要共享資訊嗎」？如果不喜歡和人共享資訊，Siri 就只能在機器上跟你對話，但如果願意分享，Siri 則會把自己學到的單字傳到雲端，與其他的 Siri 共享資訊。

當時的 Siri 在聽了人說話後，會自行在機器上判斷是否能理解，如果理解了，會立刻回答，但是無法理解專門用語之類的詞語時，則會把自己學到的新單字知會雲端，然後試著分享給其他 Siri。

這個結構其實和日本動漫「攻殼機動隊」中搭載 AI 多腳戰車的「塔奇克馬」一樣，各自所擁有的 Siri 學到新知識後懂得共享。

除了參與 Siri 計畫以外，也獨力執行了將內藏在麥金塔和 iPhone 裡的繁體中文字典置入蘋果系統，以及許多其他工作，大部分是協助將多種語言置入系統。

這個工作經歷，和現在的工作也有直接或間接的關聯。

受柄谷行人「交換模式X」的影響極大

讓社會變得更好的方法有很多種，其中之一是透過數位力量實現「交換模式X」的概念，尤其在知識的交換上。知識不會因為分享給別人，自己就失去知識，事實上，這是一種沒有獨佔權的無償交換模式。

只不過，在此之前，有需要克服與釐清的問題，那就是如何防範並規範被分享者惡用，以及如何預防利用知識分享做出令人無法認同的事。

我現在最感興趣的事情之一是能否運用數位力量實現「交換模式X」的概念？

什麼是「交換模式X」？「交換模式X」的首倡者是日本哲學家、文藝評論家柄谷行人（https://zh.wikipedia.org/wiki/）。柄谷有許多想法。特別是繼《移動的批判——康德與馬克思》後，在《世界史的構造》中提及「交換模式Ｘ」的概念，尤其令人矚目。

柄谷所說的交換模式Ｘ，包括如家人般無償關係的交換Ａ；上司與部屬般上下關係的Ｂ；政府內部或不特定多數人以對價交換的市場般關係Ｃ，以及不屬於這三種的交換模式Ｘ。交換模式Ｘ是第四種，是一種開放式的方法。把不特定多數的人當作對象，但其交換模式是「像對待家人那樣，有什麼需求就提供協助，但不求任何回報。」

這個交換模式Ｘ，對我的思想產生了很大的影響。二〇一四年和二〇一五年，柄谷曾來台灣參加活動，我特別去參加也當場提問。

交換模式的基本思考如下：

當思考「交換」時，有兩種方向，一是與認識者之間的交換或與不認識者之間的交換，另一個是在交換中需要回報或不求回報的關係。所謂回報的關係是，想從對方索取，所以自己也給予的等價式交換關係。在不求回報關係的交換模式中，則是無償的交換或自由地分享。

於是，這兩種方向產生了以下四種交換模式：

一、與相識者之間不求回報關係的交換模式。

二、與相識者之間希求回報關係的交換模式。
三、與不相識者之間希求回報的交換模式。
四、與不相識者之間不求回報的交換模式。

前記第一項「與相識者之間不求回報關係的交換模型」，指的是和家人的關係。如果是家人，毫無疑問地彼此都認識，所以當家人需要協助時，彼此都會舉手幫忙。這種模式的關係不在於「因為我幫了忙，所以需要你回報喔」。在這一點上，第一項的交換可以說是封閉式，而且沒有利益。

另一種模式，則如第二項「模式是封閉式的，但是希望回報。」這可以想成國民與國家政府的關係，國民納稅，所以國家和政府提供的回報是，社會的基礎建設和服務，這也是現存的國家概念。能參加這種交換系統的僅限國民或公民（有選舉權及被選舉權者）這種相識者。

其次是第三項「向不特定、也沒見過面的人希求回報的交換」模式。舉市場為例較好懂。例如你因為想銷售什麼所以開了店，前來購買的對象不管是誰，當他們帶著錢說要購買，你當然會把東西賣給他吧。這屬於開放式交換。

最後，柄谷提出了一個詢問，也就是第四項：針對不特定的人不要求回報，而且無償分享。這是一種什麼樣的模式呢？他用哲學式思考想出一個名稱「開放式無償交換」，由於這種模式還沒有名稱，所以將其稱為X。

那麼，「就像世界上不特定的多數人把以太坊和比特幣組織化一般，可以把在平台上交換的加密貨幣這種新型分散交換模式，當作實現了的交換模式X嗎？」我曾如此詢問柄谷。

「這是一種混合了地域、金錢和自己所想出來的通貨發行系統。」柄谷回答。

我從柄谷的回答判斷，朝這種分散型方向走，不是壞事。不過，為了讓其順暢進行，有一個必須解決的先決問題，也就是說彼此若沒有信任關係，那麼互不識者之間的交換系統，要如何對基本性系統產生信任呢？

從市場的角度來看，這個問題並不存在，因為只要「交換是出於自由意志」，就沒有所謂對價、利益的問題。以人際關係的角度來看，如果參加交換系統者之間都是熟人或至少透過推薦加入的，也可以從「家人」的觀念延伸出去，這也不成問題。

但是，與不相識者交換的話，「信任該如何擔保呢？」這個問題就必須解決。同樣地，這個疑問也能套用於知識交換。在知識交換上，如何建立信賴關係呢？是一個尚待解決的問題。

對此，柄谷表示：「信賴問題如果不解決，交換模式 X 這條路就無法繼續走下去。」

數位空間，是為了思考未來所有可能性的實驗場所

事實上，佛教或其他宗教也謳歌了「無償」的概念，要找類似的概念應該還找得到，不求回報是一種與信仰有關的想法。

但是，柄谷行人的「無償」概念並非宗教信仰，而是純粹地分析了交換的模式。柄谷的無償概念讓我們知道「無償與交換之間，究竟是怎麼回事。」

簡言之，假設你看到我對所有人無償提供了什麼，而你也同意這種行為，那就等於你做了和我一樣的行為，而且完全出於主動。

信賴的根源出自人性。人與人之間信賴感的建立是有可能的，就算彼此不認識，但只要交談過，彼此的關係就有變得融洽的可能，這是自然的發展。

交換模式的概念就是「在分享的過程中，和所有人建立起互相信任的關係。」「先信賴後分享」原是常態，但無償的概念正好相反。

以製作百科全書為例。一般的順序是先編輯後出版，但維基的做法相反。維基是先公開內容，再讓對內容有意見的人隨後增刪、潤飾等做編輯方面的作業，這和我們習以為常的做法完全相反。

那麼，如何分析這種逆轉呢？透過交換模式 X 的觀點分析，也是一種做法。維基百科不會對參與編輯的人說「這麼做會更好」或「怎麼做會更好用」。因為即使不說，編輯者也懂得，這和「讓市場自由」的道理一樣，很平常。

柄谷言談的對象是現在這個社會。以市場為例，他強調「自由」的價值。在近代資本主義社會裡，自由與和平的理念並非兩立，這與家族的親情一樣，其價值傾向自由、平等與友愛，由於這種價值沒有特別正式的名稱，因此以「X」稱之。

X 具備強化自由、平等、友愛價值的可能。而沒有正式名稱並不表示自由、平等、友愛不重要，X反因未被現有的名稱拘束，而有更多新的可能性與方向。

我認為，重點在於它所交會的那一點，換言之，就是不管未來或過去，無論偏向自由或持守，都能在不同的思潮裡相互交會。但交會的時候，並不是將對方當做工具，而是另一種看待世界的角度，這一點很重要，如果將之賦予某種特定名稱，就可能很難表達上述的見解。

柄谷所使用的哲學語言，是我在理解世界時使用最頻繁的語言。他引用的與康德與馬克思等哲學家的書，年輕時我幾乎都讀過了，他常引用後期的佛洛伊德，引發了我的興趣。柄谷所使用的概念，讓我覺得很親切，就像母語那樣。

《激進市場：戰勝不平等、經濟停滯與政治動盪的全新市場設計》的作者之一格倫·韋爾是我的朋友，我們曾在紐約一起成立RadicalxChang基金會。韋爾的思想和柄谷屬同一個流派，他原就是經濟學者，主張經濟學並非「如何分配現存的資源」，而是「如何讓大家透過協作，創造出更多的價值。」這一點與柄谷的思想相同。

如果資源有限，就會陷入掠奪與分配的泥沼，這種觀點有其侷限，因其僅著眼於分配得多與少而已。韋爾所探索的可能性是，透過同心協力，產生更多價值的方法，柄谷的交換模式 X 也主張「在必要時，產出更多更大的價值。」這一點和韋爾是一樣的。

廣義地說，我所敘述的內容都與數位有關，將交換模式 X 運用於數位是可能實現的，就像 RadicalxChang 等的構想，大部分已在以太坊這種區塊鏈的社區率先運用了。

若能在數位領域實現，就可能運用於現實的政治，如果真的在現實的政治中實現了，那麼搶奪資源的紛爭就有可能消失。此外，如果以「公益」為核心，不受資本主義束縛的新民主主義也可能誕生。

所以，我才說，數位空間是「為了思考未來所有可能性的實驗場所」。

第三章

數位民主主義——將國家與國民雙向討論的環境整備妥當

3

太陽花學生運動是初次與政治連結的契機

對政治意識有所覺醒是十一歲那年。父親赴德國深造政治學，我也跟著在德國生活了一年。

當時，父親研究的對象都是和中國民主化有關的人物。一九八九年六月四日，天安門事件發生後，有許多中國流亡者跑去德國，成為無家可歸之人，儘管如此，他們依然繼續在歐洲學習，很多人才二十歲出頭。

天安門事件發生那年，我還是個小學生，看了電視轉播。看到學生們的抗議和遊行突然遭到武力鎮壓的剎那，「不該出動戰車壓制學生的和平抗議」是第一個浮現腦海的想法。這應該是當時全球大多數人的想法。

父親在德國的居所招待那些中國流亡者。流亡者經常聚在一起討論事情，當時我已是中學生，以觀察者的身份在客廳聆聽他們的議論。交談的主題常是：「中國能實現民主主義嗎？」當時我沒有能力提出什麼好觀點，但親眼看到他們透過各種角度熱烈地討論，對此留下深刻的印象。

當父親和這些人們闊談國家大事之際，台灣正巧也發生野百合運動（三月學生運動。一九九〇年，民間要求政府實施民主化所發起的運動），台灣人的民主意識萌芽也在那時。「怎麼做，台灣才能實現民主主義？」是國民的共識。

有很長一段歲月，台灣在國民黨的獨裁統治下度過。當時因發布戒嚴令，人民的言論遭到鎮壓，毫無民主化的跡象，直到一九八七年解除戒嚴令，翌年李登輝就任總統，台灣意識抬高，民主化彷彿胎動般漸漸活躍起來。

為了讓民主主義順暢運作，台灣政府積極討論究竟該採總統制、半總統制或內閣制。對當時的我來說，聽起來就像撰寫程式前思考「這麼做更好」、「那麼做一定能設計出更好的程式」那樣。

第一次和政治產生關聯是三十三歲那年。二〇一四年三月，「太陽花學生運動」發生，其起因是學生反對政府擅自與中國締結服務貿易協定。學生要求與議會對話，後來佔領了立法院約三週。

由於少年時期曾體驗父親與流亡朋友之間開誠布公的討論，因此確信「佔領立法院的年輕人，一定有他們的理由。」於是我跑到現場了解，後來知道在現場的除了學生，還有二十多個民間團體。這些民間團體也各有主張，而且有說服力。

我和 g0v（gov-zero，一個民間團體，追求開放並要求政府資訊徹底公開與透明化）的成員赴立法院實地了解。我們架設網路，當場做現場轉播，用行動支持這個學生發起的運動。我們運用轉播攝影機做了現場內外的連線，並讓二十個民間團體就人權、勞務、環境等議題與執政黨進行對話，也在三週內整理出四個要求後，向議會議長提案。議長審視了我們的提案後表示同意，四個要求都被接受了。

這次的體驗讓我察覺到，台灣人已認知到「示威這種行為，並非為了施加壓力或破壞，而是讓許多人都可以表達意見。」經過這個事件，官民之間對話的機會增加了，「由於國民的參與，政治向前邁進了」是大家共同的感想。

我之所以出動，目的不在選擇其中哪種主張，而是為了拉近不同主張之間的距離、化解隔閡，並拉高雙方理性討論的可能。從這一點出發的行動，敦促雙方找到共同的價值觀，這也是我對政治的態度。

這種想法的根源可以回溯至十一歲那年的德國體驗。當時無論是二十出頭的朋友或四十多歲的父親，都比我知道得更多，像我的老師。從他們身上我學到許多，因此從不敢斷言「自己的想法絕對正確」。

現在回想，太陽花學生運動佔據立法院是一個歷史性的選擇。當時的通訊環境仍停留在 4G 階段，因此中國製造的晶片是否要裝入台灣主要的電腦裡、台灣的網路環境是否在中國的協助下建構，便是重大的問題，其他還包括台灣的服貿協定是否應全面對中國開放。

這件事的教訓是，政府的審議案若是在溝通不完善的情況下進行，民眾很自然地會由此產生不信任感。

太陽花運動導致事態的發展，也改變了美國對台灣的態度。在此之前，美國一直認為台灣是大中華圈的一部分，由於學生佔領了立法院，台灣得以明確地表達「台灣的社會基礎建設並不歡迎讓中國營建」。在表達了這個根本的政治態度後，台灣與美國重新展開對話。

二〇一四年那一年，台灣人民的果斷成為一個轉捩點。那年年底舉行的地方選舉，非民主主義的候選人、不和國民溝通的，不標榜民主主義的候選人都落選了，後來的選舉也一樣，不贊同民主主義的候選人都上不了榜。

包括其他帶領這種風潮的運動在內，太陽花學生運動讓民主主義在台灣扎根更深。

不受權力束縛的「保守的安那其主義」，是我的立場

日本媒體常說我是「保守的無政府主義者」。直接翻譯英文的 anarchist 是「無政府主義」的意思，但我不是無政府主義者，我自認是安那其主義者。安那其主義和無政府主義不一樣，「安那其」不是反對政府，反對的是一種結構。政府如果用強迫和暴力的方法強要人們屈從命令，我就反對。「不受權力束縛」是我堅持的立場。

身為安那其主義者，「權力和高壓要如何和平地轉換？」「如何做，才能增進彼此了解，啟發新的意識形態？」才是我關心所在。老舊的權威主義、從上而下的命令、高壓的態度，完全無法吸引我，也不感興趣。

舉例來說，某家企業用強迫和暴力的手段強迫員工遵從命令，這時安那其主義雖希望改變，但也反對用強迫與暴力作為回應的手段。對「下命令」這種高壓的態度，我很不認同，事實上，這種強制性的主從關係在任何地方都

有，和有沒有政府並沒有關聯。因此，如果把安那其稱做「無政府主義者」，反而窄化了原本的意涵。

此外，與其說「保守」，不如說「持守」來得更合適，因為「持守」的意思是「堅持並貫徹自己的意志」。

舉例來說，有人說自己是素食主義者，面對山珍海味不為所動，這可說是他貫徹了自己所堅持的事。修行者遵守戒律，也是貫徹自己有所為的意志，這是「持守」。我很看重這種態度。

台灣的文化相當多元。但隨著社會進步，也常見破壞文化的事。記得小時候，很多人都聽羅大佑的歌「鹿港小鎮」（https://www.commonhealth.com.tw/article/82910）。歌詞裡有一段：「聽說他們挖走了家鄉的紅磚，砌上了水泥牆。」水泥牆代表的是經濟的進步與繁榮。這段歌詞的意思是家鄉的人為了進步和繁榮不惜敲掉紅磚，代表原來文化的紅磚，因為敵不過經濟的利益消失了。這不是「持守」，因為沒有保持守住傳統的文化。

我心目中的「持守」是各種文化，不間斷地從前一個或前兩個世代持續地傳承給下一個和下下一個世代，不以進步為理由而隨意破壞。「保守的」

（conservatism）有「守住傳統文化」的意思。

早上上班的途中，我一路上就哼著「鹿港小鎮」這首歌，自己還修改了一些歌詞。

我們在社會創新實驗中心所做的，和這首歌所控訴的不一樣。我們把這裡的水泥牆拆掉後換成公園，在公園四周用紅磚圈圍起來，不至於為了開發而蓄意破壞，這表示我們了解文化的意涵而且堅持地守住了。

「保守」可以有很多解釋，其中也有侵略的意思。除了「堅守值得堅持的事物」，也另有「不許別人嘗試做新的實驗」的意思，但我不是這種保守派。我說的「持守」沒有攻擊的意思，就像素食主義者對待肉食者那樣，不會覺得「食肉不可原諒」，也不會高高在上地下令：「我要持守戒律，所以你們也不準吃！」

在保守派當中，有人如此定義保守：「存乎自己的意識，旁人無權干涉。」我不認同，那違反了多元主義，和我所說的「持守」不一樣。

我對自己想守住的傳統文化意識相當明確，但也不像那種旁觀者，只堅持自己想堅持的，其他事則袖手旁觀。為了能夠守住，所以我號召了許多人，為了能夠實現，所以我採取了行動。

台灣歷史上第一位女性總統蔡英文，以及台灣政治的進步

台灣民主化的進展始於野百合學生運動和太陽花學生運動，洶湧的態勢至今尚未停歇。學生運動所醞釀的成果是，二〇一六年一月十六日的總統選舉。在這次選舉中，民主進步黨蔡英文獲得壓倒性選票，成為台灣歷史上第一位女性總統。

在同年五月二十日總統就職典禮上，蔡英文宣示就職並展開政權。蔡英文總統的「誕生」是東南亞乃至亞洲的大事。

傳統上，東南亞女性之所以成為政府官員，通常因為其出身政治家世的條件，例如父親和丈夫是首相或總統，這種現象至今未變。但是蔡英文不一樣，蔡總統依靠的是自己的能力，先擔任民進黨主席，後被選為總統，這是一個劃時代的大事，向全球展現了台灣社會進步的風景。

有兩個理由足以說明台灣的政治進步。一是一九九六年第一次總統直選，

當時因為已有網路，國民所察知的民主主義也是多元化的，換句話說，大家都知道「民主主義沒有制式的運用方法，是一種技術。」因為是技術，所以一旦不好用就試著精益求精地升級。實際上，台灣的憲法也配合現實狀況數度修改，可以說「若是技術，就要升級」的想法已根深蒂固。

台灣的憲法是在國民黨統治下擬定的，當時國民黨內心所意識的無非是比台灣大上許多的中國大陸，是台灣內部一直在變化，迫使其數度修改。另一方面，台灣國民似乎也沒有被「憲法一定要怎樣」所束縛。

第二個理由是，台灣憲法所謳歌的是「直接參與政治的精神」。這種「直接公民權」的概念原就包含在孫文的訓誨中，並已預想憲法會根據現實進行修改，只不過從未觸及代議民主制。台灣的憲法因為實際上參考了瑞士，所以不能算是純粹的共和代議制。起草憲法時，在三民主義（民族主義、民權主義、民生主義）之中，也把罷免權涵蓋進去，已算得上進步。

台灣社會之所以如此靈活、充滿活力，理應歸功「直接參與政治」＋「經常升級」這種政治體制。

第二次世界大戰結束前，日本統治下的台灣也曾有許多台灣人進行抗爭，目的不外是為了能夠組織自己的議會、整備自己的教育制度，以及參政權，「自己的意見和理念由自己決定」的思想風潮和行動曾多次發生。後來也曾發動內戰，還有像二二八這種國民受到彈壓的歷史事件。

台灣人的參政意識因受到抑制而被喚醒，類似這種問題且留待歷史學家評斷，擺明在眼前的事實是，基於這種歷史經緯，現在的台灣政治因而誕生。

政府要思考的是，國民期待什麼而不是我想做什麼

台灣社會極為靈活的象徵之一，是李登輝前總統時代實施了現代的民主化，在這個過程中，李登輝是重要的推手。當時，無論在戒嚴令下或解除戒嚴令後，用政治手法替國民解決事情的方式始終沒有改變。李登輝所想的不是「自己想做什麼」，而是「台灣的國民想要什麼」，這樣的政治主張與台灣人民的台灣意識萌芽相互契合。當台灣國民知曉國家領袖具備這種開放的態度，對自己不致遭逢如天安門事件的「武力鎮壓」，也就有了信心。

李登輝上任的一九九〇年，發生野百合學生運動，眾多大學生在中正紀念

堂前靜坐抗議，要求改革國民大會。學生要求改革國民大會的想法與李登輝一致，但李登輝沒有採取高壓態度，像「我比你們年紀都大，經驗豐富，所以你們要聽我的。」反而平等對待大學生，和他們展開對話。此舉讓靜坐抗議的大學生很有成就感，自認「勇敢地參與了民主化過程」。後來，抗議事態雖未立刻改善，但學生們至少感受到「因為自己的參與，事情開始有了轉變。」

後來，很多參加野百合運動的年輕人進入政治圈。在野百合運動和二〇一四年太陽花學生運動中，不同的年輕人在不一樣的時代，都獲得相同的成就感，「如果覺得不公平，就站出來，積極參與政治，能夠達到改革的目的。」我認為，這是台灣年輕人培養靈活力的契機。

為了民眾，到與民眾站在一起

（從 For the people 到 With the people）

我和李登輝見過一次面，那是在一九九五年「全國中小學科學技術展」的表揚典禮上。叔叔告訴我：「李登輝先生會來參加表揚大會喔。要問他國民直選真的會實現嗎？如果是，那什麼時候呢？」當時，國民能直接投票選出的首長只有市長和縣長，所以總統直選是否能預期舉行，怎麼舉行，是每個人都關心的事。

一九九六年，台灣真的實施了初次總統直選，結果李登輝勝選，由此可知民眾對李登輝的期待很高。

那年的總統大選，我父親是陳履安的發言人，陳履安是李登輝的競選對手。陳履安認為，李登輝這個人具備融合的能量，他把社會所有的力量，包括經濟力、國際關係力，民主主義制度力和多元世代力，全轉化為更強大的力量。

當時，陳履安的主張比較偏向社會安定。他主張建設台灣要用展望未來的能力和信仰力，一九九九年九二一大地震後，信仰力成為重建災後社區的力量之源。由於總統直選前，社會氣氛浮動不安，他喊出口號「與其回顧，不如展望。」

獲勝的李登輝將台灣人心中對自由與民主的願望當作後盾。選舉前，李登輝的政策方針是追求台灣發展，高揭「For the people」；選舉後改變方針，標榜「With the people」。With the people 的概念是，聆聽國民的想望後，將之放在心裡。

李登輝的思想歷經轉變。他經歷了獨裁體制和適合總統直選的現代，最後他決定將終極關心轉向「國民想什麼」、「國民看重的是什麼」，和國民站在同一條陣線。

姑且不論現在的台灣政權肯定李登輝的政績與否，唯一不能否定的是李登輝在精神上支持台灣，實踐了「民主化」與「國際化」，這是值得稱道的功勞。

前總統李登輝奠定了台灣的國際貢獻與「新台灣人」基礎

我父親對李登輝的看法也在一九九六年總統直選前後發生了變化。

一九九六年以前，父親在總統直選中是支持陳履安的，陳履安希望把互助與合作的民間力量轉化為政治的力量。但是總統直選後，特別是一九九九年九月二十一日南投發生大地震，李登輝花了很長一段時間，致力將「社會力」應用在台灣社會，進一步地轉化為國際著名的「台灣民間力」。

如同本書序章所述，台灣向蒙受新冠肺炎病毒所苦的全球表達了善意：「Taiwan can help」。這個訊息想表達的是，「台灣雖沒有加盟ＷＨＯ，還是有能力幫助其他國家。」

李登輝曾在母校康乃爾大學演講中表示：「台灣建設和發展的目的不僅為了經濟，也希望能對國際做出貢獻，期待全球持續發展。」Taiwan can help的訊息也有這種涵義：「台灣想和國際分享如何解決新冠肺炎病毒這個議題。」Taiwan can help的根柢精神是，「在解決自己問題的同時，也可以幫助別人。」這與李總統的發言「對國際社會做出貢獻」是一致的。我父親也贊同這一點。

李登輝晚年卸下公職，和政治、政黨脫離關係後，扮演的是精神領袖、哲學指導者的角色，有些政黨持續將其思想視為運作指標。

當過總統的人常習慣提及在任時的功績，例如做了些什麼事、有什麼貢獻、做的事對社會和環境有多大影響等。若從這個角度考量，李登輝所提倡的「新台灣人」概念，可說是他的功績之一，這個概念也會歷經世代傳承下去。

「新台灣人」的「新」字有「超越民族而融合」之意。在李總統的時代，「新住民」這種概念還沒出現，新住民意指遠嫁至台灣的東南亞女性，女性因結婚而移民他國的這種概念，對其他的國家來說並不常見。

台灣獨特的「就業金卡制度」正因新住民而產生。近年，來自全球、取得護照後赴台者增加了，這是台灣政府實施的護照優遇措施，對具有特定技能的外國人發行護照。就業金卡制度的內容設計得很有彈性，例如當事人取得就業金卡後，可以不需要雇主就可以自行開業、找外商公司就業、不需放棄國籍，最後還能取得台灣國籍。

從「新住民」到「新台灣人」，對此有所認知的台灣人也增加了。李登輝首倡「新台灣人」概念，竟與現在的「新住民」產生連結，產生始料未及的加乘效果，若論建構民族融合基礎，李登輝的貢獻不小。

初次參加選舉，真切地感受到一票的重量

第一次投票是二十歲那年，里長的選舉。那天原有工作在身，但我還是抽空回到戶籍地木柵投票。開票後，我贊同的那位里長因領先一票，當選了。

真的是一票之差，感覺很不真實，如果不是那一票，雙方平手，那麼就必須依照選舉法規定，以抽籤決定誰當選。

那一次經驗，讓我重新體認到，用行動參與選舉有多重要。

總有一天，台灣每一個年輕人都能在總統選舉中投票，不過我建議，一開始不妨先試著在里長或其他的選舉中投票，這將會是不錯的經驗。

如果年紀更輕，就試著在高中或中學的學生會幹部選舉中投票，透過行動，習慣投票的行為。同樣地，我也希望日本的年輕人能踴躍地參與社會，多投票。

「沒有我想投的候選人呀。」有人會這麼想，或者認為「改變政治比登天還難」，但這都是藉口。

實際上，很多事沒有我們想得那麼困難，例如「想成立社會企業」的構想，和參加公共事務是一樣的，因為「想成立社會企業」就等於「想改變社會」。做，就對了。

「勇於參與政治，讓社會變得更好。」這是一種意識，可以讓政治或國民任何一方，都變得更強、更好。

答應接下數位政務委員職務的理由

我在十五歲那年和政治產生關聯，原因是加入一個叫 IETF（Internet Engineering Task Force，網際網路工程任務組）的組織，這是一個擬定使用網路規則的組織。後來我也加入全球資訊網協會（W3C，Word Wide Web Consortium），這是負責把網頁技術標準化的非營利組織，我參與執行了擬定通訊規則。以上這些組織都和制定網路世界的規則有關。

由於網路沒有國界，所以「國家」的概念也不存在，但是這些工作和政治事務有類似之處，就像現在所擔任的數位政委工作一樣，所以當行政院要我擔任政務委員時，毫不遲疑地就接下了。不過，我要透露一個有趣的內幕，其實我不是第一人選，事情演變至此，其實是無心插柳。

蔡英文執政前，政府曾派人詢問：「我們要新設一個數位政委的新職，希望你來推薦人選。」但後來，無論怎麼找都找不到願意做而且合適的人選，結果變成由我來做，當時只覺得這個差事很好玩。

眾所週知，許多人的立場都不一樣，可是一旦想要達成終極的公益目標，就必須找到共同的價值觀才行。這種橫向溝通的差事沒人要做，而這正好是我興趣所在，也自認幫得上忙。

不過在接受職務前，我提出了三個條件。第一，希望在行政院以外的地方工作；第二，所有出席的會議活動、媒體採訪，以及與納稅者的交流等，全部都要錄音而且公開；第三，不接受任何命令，也不下達命令，凡事以對等的立場提供意見。

林全是當時的行政院長，他立刻答應了。於是，三十五歲那年我入閣，成為蔡英文政權中的一員。

活用數位技術，跨足數個部會解決問題

行政院有三十幾個部會，各有領導人，稱為首長或長官。很多問題不能單靠一個部會解決，必須有人出面協調，負責整合各部會不同的價值觀，從事這種工作的人就稱為政務委員，也就是說，政務委員的任務是穿梭在部會之間架上橋樑，然後「找出共同的價值觀」。

台灣沒有「數位省」、「數位廳」這種組織，我也不是其中的領導者，身為政委一員，透過數位，我與各部會分享問題或者說擔任像橋樑般的工作。

二〇一四年十二月，我曾和當時馬英九政權的政委蔡玉玲一起建構了一個線上平台「vTaiwan」，這是一個透過線上討論法案的平台。當時，我以行政院顧問的名義就職，成為數位政委則是二〇一六年。後來我又開設了一個名叫「Join」的參加型平台，「Join」使用者人數現在已超過一千萬人。

在「Join」這個平台，民眾可以自由提出解決生活問題的新點子，在同一個平台上，知道別人點子的人也能立刻傳達自己的意見。曾被ＰＯ在「Join」上討論的政府計畫迄今約兩千件以上，議題涉及醫療、服務、公共衛生設備、公營住宅、建設等。

各種意見被帶進平台後，透過重覆討論，再怎麼困難的問題都可能找到解決的線索，這是數位和類比最大的不同。以政治領域為例，遇到有必須解決的難題，卻缺少數位技術，政府就無法及時告知民眾，而民眾也不容易直接參與解決問題。可以說在雙向溝通上，數位的確具有優勢。

我認為，數位民主主義的核心價值是「能讓政府和國民做雙向溝通」。民主主義也有弱點，例如「國民的意見很難傳達給政府」，但透過正向的網路力量，重新整頓參與的環境後，可以讓每一個人很容易地參與政治。

有了數位技術，對社會創新也能寄予期待。從政治的角度來看，更可以藉此當作是為實現開放性政府奠定基礎。即使是現在沒有投票權的年輕人，當思考解決社會和政治問題的方法之際，勢必會想到：「一定有更好的方法。」而一旦年輕人擁有共同的意見並進行討論，對提升其參與政治的意願必有助益。數位是可以聚眾思考社會與政治問題的重要工具，當然，起心動念必須是善的。

身為數位政委，我的責任之一是在線上提供讓民眾能互相對話的場域，而且不僅替政府工作，也不只為特定團體的利益而工作，而是為了讓每個人都能彼此順暢地對話。我所設計的平台也被許多國外政府使用。

從這方面來看，我也像一座連結了世界的橋樑。

網路是汲取少數派聲音的重要工具

每一個國民都可以利用這個平台，說出自己所想、有實現可能，並與政府政策有關的點子，這麼一來政府與國民之間的界線會消失，開放性的合作關係得以建構。換句話說，政府和國民有可能變成目標一致的夥伴。

透過這個平台，國民所發出的聲音有可能被轉化成政策並確實地實施。

舉一個例子。二〇一七年七月，台灣全面禁止使用塑膠製吸管，這個政策的產生就和「vTaiwan」有關。點子的發起人暱稱「I love elephant and elephant loves me」（我喜歡大象，大象也喜歡我）。發起人在「vTaiwan」裡提出一個提案，要求政府循序漸進地禁止使用塑膠盤和吸管。提案很快號召到五千人署名，最終結果是，企業允諾用紙和甘蔗等再生資源來製造吸管，環保署也將提案納入政策。

我後來才知道，原來發起人是一個年僅十六歲的高中女生，這名高中生她因台灣珍珠奶茶在國際太出名而憂心忡忡。由於她是一名環保鬥士，不願坐視吸管被大量使用後對環境產生不良影響，因此決定在平台振臂疾呼。

我認為這件事突顯了一個事實，那就是還沒有參政權的十六歲女孩用提案改變了社會。

即使再微小的聲音，只要聚集夠多的贊同者，不需要政治家從上對下利用法律訂標準擬法規，社會的改革依然可以進行，況且由上而下的政策有其風險，容易引起意見對立。

怎麼做，人與人之間的交流才能圓滑順暢地進行？始終是我感興趣的事。

個人電腦和網路的出現，讓人與人之間的溝通方式有了極大的變化。小時候，我們主要的溝通媒介是收音機和電視機，當時我感受到的是，透過收音機和電視機這種媒介來傳達意見的人少之又少，大部份人都是聆聽或觀看。但是個人電腦和網路出現以後，每一個人都能主動地發出訊息，表現自己所思所想，這是很精彩的民主式改革。

我在自學時也感受到「任何事都可以自學」，將網路上的眾多意見整合起來，也可以成為一種學習。因此我決定「把更多的時間用在這種學習上」，而且學習的領域不僅限於資訊科學。

我已習慣和不認識或甚至沒見過面的人一起思考，以及解決許多問題，我受這種文化的啟發極大。這一點也在「vTaiwan」和「Join」上反映了出來。很多素昧平生者都踴躍在平台提出意見，互相討論，在無形中推動了民主化的前進。

讓不易看到的問題浮現，以及為導向解決而創設的PDIS和PO

在傳統民主主義中，有選舉權的國民把解決問題的任務交付國會議員，而代替這些選舉人（選民）向政府表達意見的人，必須要很專業而且有自己的想法。

但在現實中，被社會問題和環境問題困惑的許多選民，不知道該怎麼跟議員連繫上，導致議員可能無法充分將民意反映給政府。另外，議員的意見和選民也可能發生衝突，以至於議員未必會將選民的意見納入討論的範圍，這也可說是單一民主主義的根本性問題。

為了解決這個問題，行政院公共數位創新空間（簡稱PDIS，Public Digital Innovation Space）盡量掌握少數派選民的意見，協助其提出可能連議員都忽略的問題。即使無法和議員們直接溝通，PDIS還是可以運用網路、架設平台，擔負起橋樑的工作。

舉一個具體的例子。二〇二〇年六月，我們決定把「某一個問題」放到協作會議上討論。提案於二〇二〇年四月提出，到了五月底，署名者超過了五千人，其中有一個規定，亦即在兩個月內，如果提案獲得五千名贊同者署名，政府就有義務將提案的內容反映到公共政策上，若不滿五千人，政府可以選擇回應或不回應。

剛才提到的案子，獲得通關簽署所花的時間稍長，大約一個半月，其他提案有的很快就獲得五千人簽署，像衝突性較高、利害關係人的能見度高，或者組織色彩較濃者。

這個案件的名稱是「禁止使用會誘發蠶豆症患者（譯註：俗稱，G–6–PD 缺乏症，全名是「葡萄糖六磷酸鹽脫氫酶缺乏症」，一種先天性代謝疾病）溶血可能致癌的合成樟腦丸」。防蟲劑大家比較知道是什麼，但很多人不知道 G-6-PD 缺乏症患者，在這種時候，ＰＤＩＳ 發揮了極大的效果。

G-6-PD 缺乏症患者在人口中佔極少比例，畢竟非 G-6-PD 缺乏症患者的人數較多，在我們的朋友群中也幾乎不曾遇見。這種患者的症狀是，只要接觸空氣中揮發的合成樟腦丸，也就是所謂的「萘丸」，血液裡的紅血球就會受

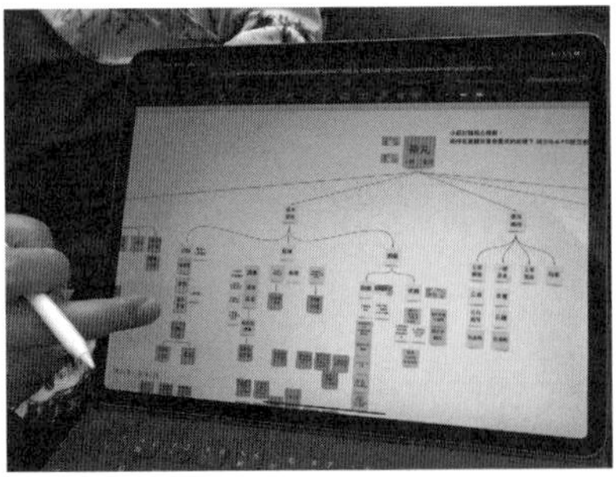

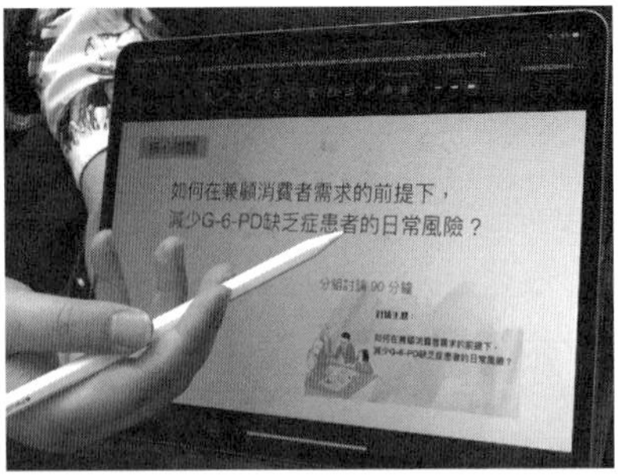

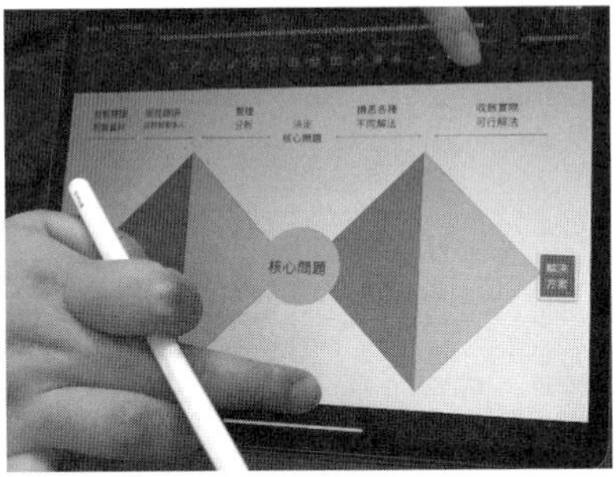

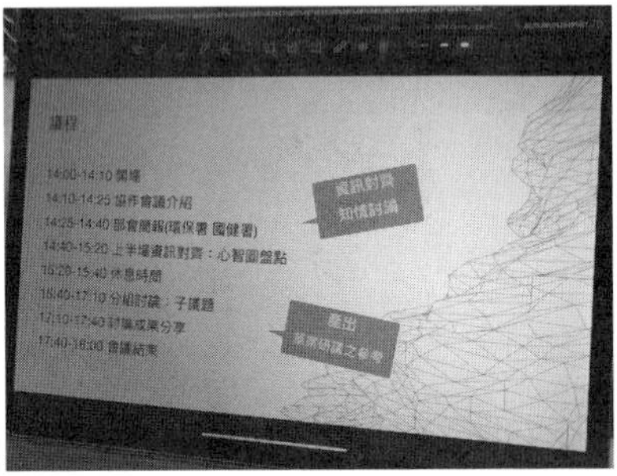

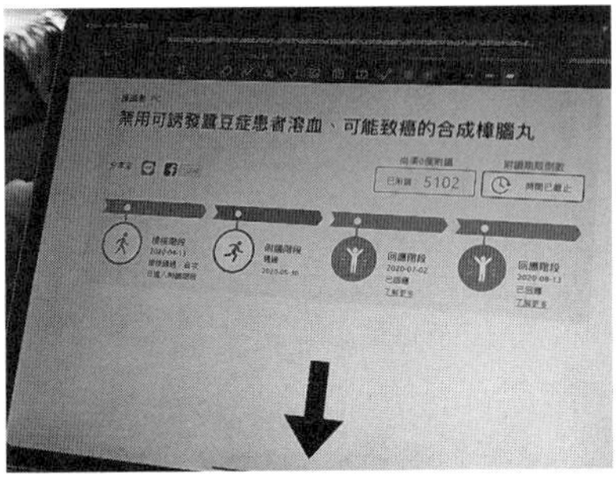

「禁止使用會誘發蠶豆症患者溶血可能致癌的合成樟腦丸」一案，經過一個半月在 PDIS 平台獲得超過 5 千人聯署，這是一個弱勢提案，卻透過 PDIS 讓一個不易看到的問題浮現並獲得關注。以上圖片由右至左分別為解決前述議題的幾個階段：「蠶豆症患者」協作會議、敲定協作會議日程、協作會議進行中、討論如何降低蠶豆症患者的日常風險、解釋什麼是「萘丸」。

影響，甚至對生命造成威脅。由於合成樟腦丸的效能高，公共圖書館和廁所都習慣使用，換句話說，對一般人來說，「萘丸」不過是稍微散發出防蟲劑氣味的東西，對患者而言卻事態嚴重，接觸到以後若非當場發作，也可能危及生命。

由於患者不多，這可以說是一個弱勢提案。就算有人登高疾呼禁用防蟲劑而將提案交給國民投票，可能連舉行投票都不易實現，就算實現了，贊成者大概也只有 G-6-PD 缺乏症患者和他們的親友吧。想來議員們更不覺得有討論的必要，就算關心，人數也不會過半吧。但是出乎意料之外地，這個提案在 PDIS 這個平台提出後，由於察覺到事情重大的許多人主動地轉發訊息，最後竟號召到超過五千人署名，此舉促使政府朝解決問題的方向開始動了起來。

還有，團隊會透過網路跟五千個署名者互動與討論，也會先主動與發起人溝通，了解為什麼會想針對這個問題和政府進行溝通等。以這個提案為例，發起人表示：「我們沒有資源可以利用，也沒有認識的議員，只好透過網路，讓別人知道我們的故事，這比用其他方法更可能實現我們的願望。」

事實的確如此。

當然，也有其他解決的方法，例如把信件和請願書透過 mail 寄到行政院長的信箱之類，花的成本也差不多。不過如果寄信給院長，問題可能只有管理院長信箱的人知道，透過協作會議則能讓廣大的社會知道。

傾聽說話，找出共同的價值觀和解決的對策

民主主義的醍醐味是「傾聽對方說話，找出共同的價值觀和解決對策。」透過「PDIS」的運作，我認為至少達成了兩個成果。

第一，提供一種連結。選民有困難，卻沒有認識的議員，更沒有其他宣洩管道，透過 PDIS 這個連結點，可以獲得和有能力解決問題者接觸的機會。

第二，讓發起人所提倡的想法讓更多人知道。有話想說的發起人，他的影響力可以在公共部門或社會場域獲得擴大的機會，並且得到一定程度的關心，至少簽署表示贊同的五千人會知道他到底發生了什麼事，甚至可以從署

名的五千人中招募到志願者，讓這些志願者了解我們整理出來的心智圖（將關鍵字和對此事的印象置於中心點，整理出思考架構的過程），將事實與感情區隔出來，再一起思考如何將可能實現的建議套入具體的架構，然後做成一份報告後長存。

完成的報告會定期公布在網路，讓每一個人都能瀏覽。這種方式的好處是每個參與者都能很快地知道「問題的核心在哪裡」，針對不擅圖案式思考和結構性思考的人，我們也另外製作了如何掌握問題核心的小冊子。

透過這種「傾聽」民眾意見的方式，我們意識到，當有興趣也有時間的人凝聚一起後，他們自然會逐漸擁有共同的核心價值觀，有了核心價值，潛藏在特定人群日常生活中的風險才能降低。

擁有共同的價值觀，任何人都能提供不同創新的解決對策，這才是民主主義的醍醐味。如果是處在集權的狀態，通常只有首長才能提出解決的對策，但因為是民主國家，所以每一個人都能貢獻所能，一起思考所有的解決對策。

我們花了很長時間討論這個防蟲劑提案，大概從下午兩點到六點。我們向志願署名者轉達現實情況，做了各種溝通、相互理解後，再分組討論找到解決和實現的方法，可以說這也是一種民主主義的具體實現。

每個人都參與腦力激盪，在發現核心問題後，透過平台對五千人發訊，知會他們什麼是解決的對策，用日文表現就是所謂的「說明責任」。即使發起人沒時間或無法來台北，我們依然能透過網路平台交換意見，也會要求政府機關正面地回答。這就是包容，是萬事萬物都可以被接納的一種「寬容」的價值。

我們在協作會議所推動的聆聽問題活動，體現了逼近問題核心、一起創作新東西、一起摸索解決的方法。這種模式撼動了民主主義，而其中最重要的就是「傾聽」，大家靜下心來聆聽彼此說話，是每個人都做得到的美德。民主主義就是傾聽的主義，我稱為「Listening at Scale」。

我們愈願意側耳傾聽，愈不容易錯過建立有未來性的共同價值觀和解決對策，反之如果疏怠了聆聽，就可能會把方向弄錯。從這個角度來思考，傾聽其實是最容易的方法。我認為，這或可彌補代議制度下民主主義不足之處。

我們所執行的七十多個協作會議，以及所處理過的會議紀錄，感興趣者可以在以下的連結看到：http://po.pdis.tw。

PO（開放政府聯絡人）是一個專業和獨立的專業團體

我在行政院上班，因此一般人稱呼「唐鳳辦公室」是理所當然，不過我覺得那個稱呼「感覺好像只有唐鳳一個人在做事似的」，所以寧捨不用，而以「空間」替代。這個空間有兩層意義，一個是不佔具體位置的「線上空間」，一個是每個公務員能自主工作的物理性空間。

我想強調的是，經常被忽略的線上空間這層意義。

以公共數位創新空間PDIS和開放政府聯絡人PO（Participation Officer）為例。兩者都是橫跨隸屬行政院所有部會的組織，儘管其所在地位於行政院，但「辦公室」的稱謂，很容易被誤認是一個具體的空間。實際上，兩者運作於「線上空間」，並沒有在實際的空間裡佔據任何物理性位置。另一方面，以行政院的立場來說，那是一個能建構各部會人際關係的空間，公務員可以據此在物理空間為民服務。

事實上，在那裡工作的人數有限，因為具體的物理空間是有限的。比如說，可能有十多個人來自外交部，但不是全部，如果全都來了，那就是外交部的一個「課」了，而且隸屬行政院的部會有三十幾個，有限的物理空間根本不夠容納來自各部會的所有人。

二〇一六年十月，自從我赴行政院上班以後，為了讓各部會都派代表進駐，於是想到一個方法，就是讓三十多個部會各派一個人過來。

這些人是有任期的，到了該更替的時期，最早來的那位必須返回原部門履職，然後再派新的人過來，規則擬妥，很快地獲得通過。目前與我共事的PDIS團隊約有二十人，其中一半以上是來自各部會的職員，其他就是擅長「傾聽」的民間專家了。

另一個由我負責運作的PO這個機構，則隸屬在外交部、財政部等各部會機關之下，成員也來自那裡，這些人負責向民眾宣導政府的各項活動，類似發言人的角色。

無論是PDIS或PO，成員都嫻熟自己所屬機關的業務，也擁有深入淺出說明的能力。當傾聽了一般市民意見之後，他們會將所知先傳達給內部，必要時也要開會討論。例如，PO的共事者之間會召開例行會議，針對橫跨各機關的議題大家一起討論。

簡言之，這些人主要的任務是在自己的部會推動傾聽的態度。

PO和PDIS存在的意義，類似數學裡的「碎形」（譯註：又稱分形、殘形，通常如此定義「一個粗糙或零碎的幾何形狀。可分成好幾個部分，而每個部分皆呈現整體縮小後的形狀」）。形狀相似、規模極小，但相互之間有連結。

我會要求PO成員工作的內容要透明，但不會對他們下命令，對方也不會命令我。這些人的工作業績和成果由自己決定，不是由我決定，其中沒有階級之分，因為每個人都是不同領域的專家，彼此的立場和能力是對等的。

PDIS裡的公務員也一樣。他們必須徹底堅守自己的價值，而不是因為他們與我共事，就必須受我的價值觀影響，如果這樣就沒什麼意義了。這些人被要求獨立思考、獨自行動，而勞動的意義是為了實現公益。

由此，這兩個線上空間，也可說是專業與獨立的勞動團體。

唐鳳拿著平板解說什麼是「碎形」。

數位民主所潛藏的危險，自類比時代起就有了

數位民主主義的長處是，再微弱的聲音都願意傾聽，能將社會轉向更好的方向，促成民主主義向前邁進。當然，也有缺點。

其中的危險大致分成兩種。

第一，攸關「包容」。全民必需具備包容的素養，否則容易演變成加入數位民主主義者僅限懂得連結數位工具或接續數位者。如此，不懂的人會覺得自己被排除在外，所有一切都由別人決定，缺乏自主權，這將成為大問題。

另一個與「說明責任」有關。所謂說明責任意指，負責者能夠明快地說出答案，數位民主主義運用某種程度的演繹法將答案導引出來，但也有找不到答案的時候。

為獲得答案，最簡單的做法是在傾聽民眾的聲音後，向ＡＩ尋求最佳的獲取答案的方法，但ＡＩ尋獲的方法無法讓國民理解時該怎麼辦？這時，如果政府無法善盡說明的責任，卻又強硬企圖解決問題，就和獨裁國家毫無

兩樣了。

由此，數位民主主義最大的課題是「包容無法充分地實現」、「沒有善盡說明的責任」。

當然，有人會像美國前總統川普那樣，利用推特發出獨斷的意見進而發揮影響力。不少人曾目睹這個現象，所以覺得「數位民主主義好危險」。不過，如果反過來想就知道，像川普那樣的人早就存在了。例如在只有收音機的時代，擅長煽動群眾的掌權者所在多有，這種人利用收音機的傳播力量散佈思想，最終把國家帶向軍國主義之路。

擁有發訊能力的危險，在任何時代、任何地方都可能發生，這與網路環境沒有關係。例如電視台熱心地轉播軍隊遊行，這有可能促成民眾對領袖產生崇拜的心理，崇拜領袖的心理用不著推特，掌握電視頻道的大企業也能做到。回顧歷史，若說第二次世界大戰始於收音機和電視，也不為過吧。

我想強調的是，煽動群眾的危險，在收音機和電視盛行的類比時代就已存在，大眾傳播開展後這個問題就持續至今。因此，在論及現今的網路環境是否需要調整時，重點不在如何避免獨裁專政或發生其他危險，應該說只要人類擁有發訊的能力，危險就不會消失。

中國的四大ＩＴ企業百度、阿里巴巴、騰訊、華為，乍看是獨立的企業，實際上都在中國共產黨控制之下，在黨思想控制下所衍生的，就不僅止於特定企業該不該存在的這個問題了。

當所有人的意見都只讓一個人代表發聲，導致全體陷入「他說了算，所以很無奈」的處境，危險自然就會產生。這與我的想法正好相反。我的目標不是把很多人的意見變成一個人的意見，而是希望能透過網路整合所有人的意見，再從中形塑出共通的價值觀。

透過網路改變誰的想法不是我想做的，而且也不會否定或改造舊系統的網路。我真正想做的是，啟發大家推出更新、更好用的系統，再慢慢地脫離不好用、糟糕的系統。

由此，一邊承認「數位民主主義是危險的」，一邊思考「為了讓民主主義前進，該怎麼做才能讓數位更有用」，更靈活地應用數位才是我的本意。

民主主義的進展奠基於每一個人的貢獻

現代社會裡的生活，人人就像擠在一個罐頭裡那樣擁擠侷促，不過，每個人看世界的角度不盡相同，眼裡的世界各不相同，所以不一樣是當然的。

正因如此，我才覺得民族主義沒有任何意義，在民族主義的社會裡，不管問哪個人什麼意見，回答都只有一個。

但另一方面，民主主義社會雖能容納多元的意見，但意見如果僅止於形式，問題也很大。換句話說，如果國民只顧忖測上位者所想和所說，像應聲蟲般「上位者說這是 A，所以全部都是 A。」那麼就算有選舉制度，投票也是流於形式。這種民主主義，一樣地毫無意義。

每個人所看到的世界不一樣，每個人看事情的角度不一樣。在與別人分享時，沒必要否定自己或神經質地自我懷疑，更沒必要因為和別人所見不同而感到悲觀，像「咦，我的想法怎麼跟大家的都不一樣」、「我的意見只有少數人同意」。事實上，每個人的意見其實都是少數派意見。

如果你對自己的意見是少數派感到介意，不妨換個角度思考：「別人根本跟不上我所想的。」這才是有個性。總之，自信而且自在地表達自己的意見就好。

台灣人好管閒事。像有人看到路邊違規停車或道路塌陷，自己再忙，還是會停下來拍照後，通知附近的區公所或機構，這種人很多。雖然和自己無關，做了也不見得有好處，但還是會當做自己的事加以干涉，不去分別這是「政府」或「管轄區」的事。這是因為這些好管閒事的路人們都知道，就算自己做出的貢獻再小，只要社會能因此變得更好，依然願意去做。

我們稱這種人格特質為「雞婆」。像母雞那樣無條件地看管與愛護自己的小雞，囉哩囉唆地。不過，我倒認為，在民主主社會中，這是一種表現自主性的重要的心態：「希望對社會有所貢獻，即使和自己的利益無關，在必要時還是會採取行動」。

網路因雙向互動，得以實現平等

在民主主義的框架中，當思考「網路平等」的問題時，活用數位技術益形重要。

對從政者而言，表達能力很重要，無論是有意當立法委員，或者選民在物色心目中的政治人物時，會優先考慮候選人的表達能力，因為表達能力不好，選民就無從知曉從政者究竟想傳達什麼。議員的「議」字也有「說話」的意思，選民通常傾向選擇擅長表達者。

但是，這種情況被網路顛覆了，在網路發達的現代社會裡，即使不擅表達、說話技巧笨拙，依然有其他選項。那就是可以透過文字和圖像，表現自己的政策與主張，然後交由網路廣泛地傳達，或者在社群網站中積極地與人交流，讓別人知道你的想法。

換句話說，在從前的舊社會裡，不擅言語者可能無法當上議員，但現在利用新的數位技術，即使不擅雄辯，也都能透過網路展現自己的主張與政策，獲取選民共鳴。這種議員的出現未嘗不是好事。

舉例來說，蔡英文總統其實不太擅長表達。有些選民在聽蔡總統演講時，總不免會拿她和一些前總統做比較。在「煽動支持者的熱情」這一點，蔡總統確實稍嫌弱了點，李登輝、陳水扁、馬英九等歷代總統，都長於在大規模集會中鼓動群眾。但是，撇開演說的內容是否真的被理解或引起共鳴不說，無論面臨什麼樣的危機，蔡總統似乎都能冷靜地應付，醞釀出一種讓人信任的氛圍。

這類領袖在網路的時代能被襯托出來，穩定、冷靜，擅以最小成本生出最大的成果，讓談判專家蔡英文贏得「符合國家領導條件」的評價。但如果缺了網路，就未必能獲得評價，因為即使在政見發表與一對一演說中，能發揮絕佳能力的她，鼓動群眾與握手訴求皆非其所長。

在現代的民主主義中，鼓動群眾的能力不是關鍵。活在網路時代的人們，不僅體驗了雙向互動的遊戲與短篇動漫，也獲得與網民對話的機會，而且透過專業者的導覽，甚至也掌握到活用經驗的技巧，懂得如何明確地表達屬於自己的哲學。

透過在網路上明確的說明，我們知道蔡總統是位冷靜、視野長遠、聰明的大學教授，同時是名副其實的政治領袖。蔡總統愈來愈習慣在網路場域討論事情，相對地，選民也能運用網路雙向互動的特性，對這名女性總統表達極有建樹的意見。

還有，和初期的記者會相比，新冠肺炎指揮中心的指揮官陳時中，口才愈來愈流利，這是每天練習的關係。陳時中不是煽動型的政治家，不管記者的問話有多嗆辣，他都能溫和地回答，表現出高EQ。

透過雙向互動的網路工具，每一種政治家都有機會表現自己。實現平等，是數位民主主義的特徵之一。

透過「大家的事，靠大家互助合作」，進行社會改革

政治始於對立，要超越政治的對立並不困難，只要找到像聯合國所提倡「永續發展目標」（略稱 SDGs，Sustainable Development Goals）這種相對簡單的目標，以及能促進台灣發展、每個人都同意是有效的價值觀，就可以了。

政治也有共同的價值觀。例如「讓全球理解台灣的民主主義」這種價值觀我相信台灣的四大政黨也同意吧。還有，「讓民主主義發展得更健全」、「政府應該要更信任國民」等都是。

身為公僕，我的終極任務是找到國民共同的價值觀，因為目的很單純，所以不擔心捲入複雜的權力鬥爭。

簡單地說，「大家的事，靠大家互助合作」是我所關心的。舉口罩地圖為

例，這不是個人獨力而是靠大家合力完成的，所有公民黑客都認定這是個好點子，一起想出方法後付諸實現的結果，同時也是社會創新的成果，與政府想做什麼無關。

過去，市民參與政治的順序通常是，政府先設定主題後再徵求市民的意見。社會創新正好相反，主題先由市民決定，政府再協助完成市民的構想。政府並非主體也不掌控方向，台灣的民主就是經過這種形式發展至今。

對我來說，現在的代議民主制（另稱間接民主制）是比較原始的制度。收音機和電視普及後，一名政治家能對著數百萬名國民講話，不過，這是單向溝通，因為政治家聽不到數百萬國民的聲音，而國民之間相互傾聽與討論的機會也極少。

現在，透過網路這個平台，每一個人都能針對主張與問題相互交談，即使主義主張和政治理念不同，每個人也都能自由地溝通與對話。只要價值觀一樣，而且對目標有共同的認識，我認為，對話絕對是能讓社會前進的動力。

網路是一種工具。能夠克服間接民主制的弱點，預見數位民主主義的未來，我是這麼想的。

第四章

4

社會創新——實現一種不放棄任何人的社會改革

開放政府從撤除界線開始

我每天六點半起床，套上球鞋去上班，社會創新實驗中心有我的辦公室。我走路或慢跑去上班，只要不下大雨，走路上班是對自己的規定。上班途中會碰到朋友，就停下來跟他們聊聊，有時可以從朋友那裡知道他們對新政策獨特的構想。

走進社創後，我先拿起放在入口的溫度計量額溫，知道自己的體溫是「三十六點七度」後就放心地刷卡進辦公室。然後，先替自己泡杯沒有咖啡因的咖啡，夏天會加冰塊，邊喝咖啡邊脫下鞋，換上便鞋。接著打開電腦檢查 mail，有時會在同事前一晚追加的新任務項目上，加註意見，然後確認當天的行程。

社創辦公室是以前的空軍總司令部改造的，日據時代曾進駐過像工業研究所那種機構。以前被外面的圍牆擋住，屋內外互不相通，現在圍牆拆掉了，從屋內可以瀏覽屋外仁愛路的街景，也能從二樓俯視整棟建築的內景。外圍則整理得像公園，種植了些花草樹木，比台北少數的大公園更顯得開

只要不下雨，唐鳳要求自己每天早上走路或慢跑去社會創新實驗中心上班，

放，如大安森林公園，可以當做放鬆身心的休憩場所。

社創地下室做過消防安全檢查後，將進駐幾個組織。這幾個組織都和聯合國計畫有關，只要是為了執行聯合國十七個永續發展計畫項目，就能享受免費使用一年的優惠，無論辦活動、記者會、展示會……，只需事前申請就能免費使用場地。只有一個附帶條件，活動要做到讓每個人都能參加。畢竟社創是用來從事「社會創新」的場所。

我每週固定的行程是，週四上午參加行政院會議，下午主要參加科技部（譯註：根據二〇二〇年十月國內媒體報導，行政院將推動組織改造，擬將科技部改為國科會並成立數位發展部）召開的會議。

擔任政委職務後，一週的例行會議只有這兩個，其他時間做的事就很多樣化，很難用幾句話概括。禮拜三通常一整天都在社創，和人見面、討論事情，或者待在視訊教室，最近想找我的人增加了，所以禮拜六有時也會在社創。

民眾想找我談話的理由，我想有兩個。

一個是，大家都知道數位技術不再是「從上而下」的垂直式，並逐漸理解當橫向系統連結垂直系統後，會出現與之前完全不同的結果。很多人可能受

社創辦公室是以前的空軍司令總部改造的，拆掉圍牆後，屋內屋外通透，可以看得見彼此。二樓的空橋連接不同棟建築物，外頭整理得像公園，種了花草樹木，是很好的休憩場所。

唐鳳每週三固定在社創出現。

到啟發，例如看到透過數位技術，口罩銷售和發行振興經濟三倍券帶來效益，因而紛紛跑到社創找我商量，其中很多人帶著類似的點子來，很想知道如何把數位活用在工作上。

第二個理由是，圍牆拆除了，一般民眾很自然就走了進來。以前因為被圍牆擋住，屋外的人看不到屋裡的狀況，現在隨興走進一看，知道原來裡面是一個開放空間。

圍牆不見了，屋內又常舉辦活動和展示會，經過的路人想到：「啊，唐鳳在裡面，我們進去看看吧。」就這樣，直接走進來的人變多了。這種現象我稱為「撤除界線」。

我認為，這也算是一種開放性政府。開放性政府的成立，奠基在政府與民眾互相信任的基礎上。

以前，政府常提及「要信任人民」，卻也有人覺得是政府不了解人民。不過我認為，當雙方意見相左時，人民不妨主動向政府展現有創意的見解。另一方面，如果政府不了解人民，甚至覺得他們無需參與政治，則會帶來國民對政治冷漠的後果。

在司法領域上，政府正在思考是否成立陪審團制度，原因是法官未必一定是最理解事情的人。如果是事實，那麼將期待寄託在民間人士身上也無妨。這個構想奠基在相信一般民眾的見解。相信民眾當以法官身份參與司法時，有能力從不同的角度表述關鍵的見解。真正的法官很容易就把時間花在與法律相關的事務，反而導致欠缺對一般生活的見解。在這方面，與法官見解不同的民眾或可彌補。

在實現開放性政府時，這種不受立場和地位影響的包容很重要。政府如果缺少包容的涵養，陪審員的見解就不會受到重視，如此一來，容易導致陪審制度形同虛設。

聽說日本政府和各界花了很長的時間說明「何謂陪審團制度」，才終於讓日本國民對這個制度有了認知。這個事實說明，為了讓國民全盤理解法律制度，政府要有耐心，而且要能深入淺出地重覆說明與溝通。

建立共同的價值觀以後，可以創新

無論我的腦海裡有多少想法或正在思考什麼，最後都必須做出決定，今天到底該做什麼？我相信，每個人都一樣。

人有許多想法，也有正在思考的事情。在許許多多的構想中，最後決定選哪一個，需要事先模擬。為了做到這一點，就有必要將腦海裡的故事化為語言並持續思索，在這個故事中，最重要的什麼？如果是有價值的，那該怎麼做才能提煉出純粹的高品質？

在思索的過程中，最終一定會發現存在於人與人之間共同的價值。

有了共同價值，又會想，今天我一定要實現那個價值，並且做出決定，「為能實現那個價值，我要不吝付出任何努力。」接著繼續思索「為了達成今日的目標，怎麼做比較好？」

持續地思考，等於是在探索自己今日想達成的目標。待確定後，接著再探索實現的方法。

目前，社會的燃眉之急是控制住新冠肺炎病毒，這就是共同的價值觀。為了實現這個價值觀，大部份人認為開發廣效疫苗或其他效能更高的疫苗是當務之急。事實上，除此以外，還有其他許多事情需要努力，例如控制病毒的方法，研發治療藥物、治療方法等都是。由此，必須先實踐一件事：先學習，然後持續地思考。

待自己的價值觀確立後，再去尋找價值觀相同的人。但如果自認沒那麼快找到價值觀，那麼持續地學習就變得很重要。

有些人可能因為想做的事太多了，所以一時很難找到能與別人共享的價值觀，因而始終處在探索的階段。事實上，直到培養出與別人相同的價值觀以前，每一個人花費的時間不盡相同。

人很多樣。有人以別人察覺不到的角度凝視社會和事物，像藝術家，他們所思考的多半是如何活用與眾不同的創造力改造社會。不過，社會制度對這類人的支援較少。

我經常引用李登輝和前人的哲學式思考，因為他們都是開拓處女地的先鋒。因為有他們，我們得以少走許多冤枉路、節省不少時間。因為有前人，我們才知道「太陽繞著地球走」是奇怪的理論，「地球繞著太陽走」才正確。

我的工作目標很清楚：協助立場不同的人建立共同的價值觀，然後再運用各種方法催生大家都能接受的創新。

在我接下政委這個職務以前，這份工作早已存在。由於政府支持，讓我得以持續地調整各部會的價值觀。當遇到高難度的挑戰時，我會借助民間的力量。政府尚待努力之處仍多，在創新的領域中，有不少案例是民間企業已想出了點子，但政府還沒來得及跟上。

政府內部的價值觀確立以後，將民間擁有相同價值觀的業者與個人連結起來就變得很容易。如此，政府也不需要從零開始、白花力氣。這是我現在的工作與政治的關聯。

少數派才會提出的案子

我在第一次青春期的時候，睪固酮的濃度大概和八十多歲的老人差不多，因此雄性的青春期並沒有發育得很完全。大概二十歲那年，在檢查了男性賀爾蒙濃度以後，知道我介於男性和女性之間，因此我自覺自己是跨性別者。

也就是十多歲時，我經驗了男性的青春期；二十多歲時，又經驗了女性的青春期。不過，第一次青春期時，沒有喉結，無法發育成普通的男性，而且感知與思考方式也沒轉換成男性。第二次青春期，胸部雖然發育了，但並不完全。可以說，男性、女性青春期我都個別體驗了，時間約有兩、三年吧，只不過，性別分化得並不完全，不像一般人那樣。所以就任數位政委時，我在性別欄填了「無」這個字。

人與人之間其實並沒有界線，性別也一樣。雙親從不曾對我說：「男生一定要這樣，女生一定要那樣」這類的話，因此，我對性別沒有特定的認知。十二歲那年，我邂逅網路世界，和那個世界的人交流時，無須告知性別，也不曾被詢問過。

二十四歲那年，很明確地知道自己是跨性別者，二十五歲就把原名唐宗漢改為唐鳳，雙親支持我的選擇，也取了 Audrey Tang 這個英文名字。

我認為，「Audrey」適用於男女，是中性的，「鳳」是我第一個想到的漢字。漢文的姓名通常有三個字。當我向戶政事務所申請改名時，也曾想過在中間加一個字，後來有個日本朋友告訴我，「鳳」的日文讀成 o-dori，和 Audrey 的發音很像。所以我想：「這麼巧，新的中文名就選鳳字吧。」名字只有兩個字在台灣雖是少數，但也絕不稀奇。

這是我選擇跨性別人生的經緯。跨性別者在思考事情時，不會拘泥「男或女」這個框架，擁有高度的自由。由於我知道自己屬於少數派，所以反而能接近包含少數派在內站在其他立場的人，這是跨性別者的優勢。

孩童時期，我習慣用左手寫字，知道大家都用右手寫字是後來的事，也算是「少數派」體驗。我轉念心想：「也許因為是少數派，所以擁有別人沒有的觀點。」

另一方面，無關少數派或多數派，重要的是對社會是否有貢獻，就算是少數，只要自己的貢獻受社會認可，也算是先驅吧。

「雞婆」是台灣人的特色，就像母雞保護小雞似地，對其他的雞也懂得愛護，愛多管閒事。這是重要的價值觀，對少數派來說，雞婆就是推己及人，有其必要。

沒有必要因為少數派遭到否定，就對自己失去信心，不如反過來想，因為是少數派，才能做到「我們的想法和別人不一樣，有獨特性」，「我們看得見別人看不到的問題」，只要主張的內容有說服力，或自己的觀點能被合理地接受，我相信社會一定會因為少數派的加入變得更完整。

在新冠肺炎肆虐期間，社會曾經發生一個插曲。有個煩惱的母親向政府設置的熱線投訴，讀小學的兒子因為戴粉紅色口罩上學，結果被同學取笑，讓兒子覺得很丟臉。收到投訴後，中央疫情指揮中心的指揮官們隔天在記者會全數戴上粉紅色口罩，公開告知群眾「粉紅色是美好的顏色」。記得陳時中還加了一句：「我小時候最喜歡粉紅豹了。」後來，粉紅口罩活動擴及至臉書的標誌，許多企業和個人都套用了。他們群起用行動表示支持政府和那位母親，影響所及，民眾也開始接受粉紅色口罩。

台灣是一個擁有寬容力和包容力的社會，「只要少數派向多數派提出具體的提案，多數派也會開心地側耳傾聽」，這種良性的互動根植在台灣的土壤。對我來說，粉紅口罩事件是一個契機，是理解社會的結構和如何運作的契機。

時間能解決問題——消除對婚姻平權有所顧慮的智慧

當民眾的共同經驗不斷地重覆，彼此的了解就愈深刻，經過一段時間以後，有些事情或觀念會自然產生變化，而這種變化可能發生在個人或國家。

近年，台灣衝突最大的對立事件可說是婚姻價值觀這個議題。具體來說，在二〇一八年的公投中，針對結婚這個議題，群眾的意見曾發生嚴重的對立。有人認為結婚是「家與家的問題」，也有人認為是「個人與個人的問題」。

不過在我的記憶裡，同性結婚造成的對立更大，畢竟對年長者而言，結婚的價值不是個人與個人，而在於家庭與家庭的關係。所以當同性結婚的議題被提出後，意見相左者的對立迅即擴大，彼此之間的鴻溝難以跨越。

直到眾人貢獻智慧，導引出「結婚不結姻」的概念，問題才獲得解決。換句話說，同性情侶如果想結婚，為保障其身為人的權利義務，在認可其個人的婚姻關係的同時，可以無視其與家族間的姻親關係，這也是社會比較能接受的方法。同性婚姻法通過一年之後，這件事也逐漸被不同的世代接受了。

根據輿論調查，與二〇一八年公投時劍拔弩張的氣氛相比，支持同性結婚者已較當時增加百分之十，獲得這個結果的理由之一是，各世代的價值觀都未被犧牲，而且大家還從中獲得共識：「這個問題其實沒那麼難解決。」

由此，即使在婚姻問題中難度很高的同性結婚，一旦開了頭，倒也沒招來多大的禍害，這不正應了台灣的俗話「頭過，身就過」嗎？這也表示，先把與結婚有關的部分處理好，其他問題就會跟著解決。當然，後面還有像結婚、跨國婚姻、收養小孩、人工生殖等尚待解決的難題，不過如同先例，這些都是可以等待時機，慢慢處理的問題。

擴大宣導、教育群眾也很重要。例如宣導「這些都是自然會發生的社會問題」，「意見對立像偶爾發生的地震，並不盡然是壞事。」畢竟地震過後，玉山的海拔總會變高一些，所有社會的試煉也是如此，愈鍾愈雕愈能成器。

知道哪裡做得不夠，再從讓人感覺舒服的部分著手改善

以前曾提過，我是左撇子，左撇子是天生的，不是我的選擇。

左撇子習慣用左手寫字、拿筷子。七歲那年，有個老師告訴我：「用左手寫字也許方便，不過最好還是練習用右手寫。」理由是中文多半是從右到左的直行，用右手比較順，用左手的話，手得移來移去的，不順。

但是時代不同，社會工具改變了人的觀感，無論用哪隻手寫字都不成問題了。例如電腦幾乎靠雙手敲鍵盤輸入，並沒有左右手的問題，雙手一起敲打

更快。現在，老師們看到小朋友用左手碰觸智慧型手機，應該不會建議「請用右手」吧。

同樣地，當基本的行動與社會的行動模式對每個人都便利的時期來臨，「左撇子很怪」的觀感也自然消失了。當然，因為習慣用右手的人佔多數，所以捷運票口的感應器也裝在右邊，這很合理。畢竟對左撇子來說，進出捷運站不如寫字麻煩，只要把手伸長一點就好了，像這種事就不需要急著改變。

很多事情能進步的空間很多，倒不用因為現狀不是滿分就去破壞，畢竟破壞了以後一切歸零，必須從頭做起。如果拿到的成績是八十分，那表示還有事沒做好，知道哪裡做得不夠，就從讓人感覺舒服的部分著手改善。

社創有四種廁所，男廁、女廁、身體障礙者用、中性者用，對每一個人來說，如廁時都能感到方便，感覺舒服，萬一其中有個廁所故障了，還有其他選擇，方便而且涵容性高。

予人方便與共融帶來的影響正向而深遠。舉例來說，身體障礙者與中性者用廁所，一開始是為少數人做的，後來使用者發現小朋友也能用；本來是為坐輪椅者設計的廁所，後來知道高齡者或使用步行器者也能用。這是無心插柳，原本為了少數者設計的廁所，沒想到用途更廣。

也許有人會想，廁所怎樣「跟我有什麼關係」？但誰知道？也許哪天這個人因為運動受了傷，必須坐兩個月輪椅，此時就有機會察知身障者廁所有多方便了。

世事難卜，本來是多數派人士，可能因故成為少數派，立場顛倒。一旦有了切身體驗，再重返多數派時，就比較不會排斥少數派了吧。這種狀況是「交叉性（intersectionality）」，有「共融」之意，這種概念是「零和」也是「雙贏」，而非「增加或減少」那種對立。

「不捨棄任何一個人」是一種理想的社會狀態，奠基於「包容」或「共融」的思想。

「公僕中的公僕」——社會整體的智慧，造就了我的工作

進行政院時我曾宣誓，誓願成為「公僕中的公僕」，一心只想為公益奉獻，並沒有「想改變什麼」的念頭，而且完全信靠社會的智慧、市民的智慧，認

為活用 IT 實現社會的期待是職責。

以政府推動的愛滋病政策為例，由於簽署者超過五千人，所以通過了，請願內容為「政府應積極推動 U=U（Undetectable=Untransmittable）啟蒙運動」。

「U=U」這個英文字母，透露了一個重要的訊息：「接受有效的抗 HIV（愛滋病毒）治療以後，即使有性行為也不會傳染給別人。」也就是說，只要定期服藥就沒有傳染給別人的危險。對於愛滋病，台灣的刑法沒有老舊的法律條文，相對地也沒有新條文，一般人可能因此對愛滋病的印象仍嫌刻板，停留在過去。

關於愛滋病的宣導教育，不應只由教育部單獨負責。我認為，行政部會方面，像衛福部、科技部也有必要參與，必要時，衛福部應提出愛滋病研究的有效證明，科技部也應在背後支持生物科學方面的研究。「如何轉換國民對愛滋病的觀念」是我致力的目標，因此穿梭在各部會協調。

我開始關注這個議題展開工作的契機，是因為民眾自主號召了五千人署名，發起社會問題的運動。由此可見，「社會整體的智慧，造就了我的工作。」

應用AI，競相解決社會問題的「總統盃黑客松」

執行「總統盃黑客松」活動是政務委員的工作項目之一。這個活動由總統府出面主持，一年一次，活動宗旨是「永續發展」，方式是公開向民間募集好構想。

「數位能提供什麼樣的解決方法」是活動的主題，參賽者對此各自提出意見與解決方法，其中包括「如何透過視訊會議，解決地方與離島的醫療問題」、「能利用AI檢查水管漏水嗎？如果有，有哪些方法呢」、「如果想運用AI分析獨居老人的居家為何容易發生火災，該怎麼做好呢」、「政府如何將地震警訊傳給獨居老人呢」等等。

政府與參賽者一起提案，每年選出五名優勝者，獎品是附投影機功能的獎盃，打開投影機，蔡英文總統的講話會出現：「各位費時三個月創作的作品，政府將視為公共政策，一年後實現。」

台灣總統盃黑客松所提的案例不僅受海外矚目，也被實際應用。二〇一八年，台灣團隊創作的「搶救水寶寶」（Save the Water Babies）案，受紐西蘭

唐鳳愛穿黑客松 T 恤。黑客松的提案不僅受到海外矚目，也獲得實際應用。

威靈頓的地方政府青睞，表示要用這個提案解決威靈頓漏水的問題。這個計畫後來另取名「Water Box」，由威靈頓自組的團隊接手後繼續做了下去。

「搶救水寶寶」團隊於二〇二〇年，再度參加黑客松，其所致力的主題是搶救台灣的農地工廠（設置在農地的工廠）。後來雖擬法規範，政府有權對違規工廠懲以斷水斷電的處罰。但儘管如此。糾紛依然發生，因為犯規的工廠矢口推卻：「污水從上流的工廠流下，責任不在我們。」

由此，團隊想出一個可舉證反駁的點子。把以太陽發電的電力機器裝在稻田的水道和灌溉設備，勤快地檢查水質，隨後將結果記錄在分散於網路的帳簿，透過帳簿紀錄，會知道污染源來自哪一個工廠，工廠如果不想被抹黑，可以自動將機器裝在上游處偵測。透過科技，污染源一目瞭然，是一個值得稱讚的發明。

黑客松活動的主辦單位是經濟部中小企業處，在致力解決地方的問題上，可說是小兵立大功。

活用AI，當作是讓社會變得更好的「輔助性智能」

台灣以外的國家也有這種黑客松活動。

二〇二〇年五月五日到十八日，我們舉行了「台美防疫松（cohack）」，有來自全球七個國家（台灣、日本、美國、英國、德國、加拿大、匈牙利）的團隊參加，透過視訊討論「透過ＡＩ探討如何面對新冠肺炎病毒，共同思考大家都能接受的社會常規」。

實際的做法是事前讓參加國先行討論，內容不一，但討論出來的結果，多少能反映出該國的文化特色。例如針對急性冠狀病毒患者的急救基準，美國的建議是視患者日後對社會有多少貢獻而決定，進而反對以抵達醫院急診室的先後順序為優先。換句話說，當患者被送到醫院後，院方先了解患者的資訊，透過ＡＩ算出患者未來對社會有多少貢獻後，再決定是否優先救治，例如高齡者因未來的貢獻不多，所以被留置到最後處理。

這種提議，乍聽似乎頗合理，卻不符合台灣社會的倫理觀，台灣無法接受而且是違法的。

美國的提議遭到其他國家的非議，主因是偏離了「如何運用ＡＩ做出貢獻」的主題，反將社會全體帶至另一個方向。由此，以社會貢獻度選擇急救的做法，如果不是大家所希望的，那麼就算研究有成果，在現實上也未必行得通。

相對地，最後五個團隊的構想被採用了。因為具備普世的價值，能夠在全球應用。

ＡＩ是「Artificial Intelligence」的略稱，又稱「人工智能」或「人工智慧」。但我的想法是，與其稱為「Artificial Intelligence」，不如說是 Assistive Intelligence（輔助性智能）更為妥當。ＡＩ並非為了做選擇而誕生，是為了推展創新，讓人類社會變得更好。

透過美台防疫黑客松，「用ＡＩ來應付新冠肺炎病毒」已從地域擴及至城市與國家。分成兩組，有一組在社區做，另一組則在城市與國家實施。隨後再以簡明且不侵犯隱私的方式，讓決策者們了解。各國決策者選擇了討論的結果後予以採用，將之當做有效的防疫對策，並以極隱私的方式實施。

透過黑客松重覆討論後，大家了解到ＡＩ只是一種工具，是將故事（如何活用ＡＩ實現防疫）視覺化的工具，實踐時務必以個人或群體為優先，包括家庭、社區在內，而且需顧及其利益。ＡＩ的主要功能是協助，而且個人的隱私不會因此被犧牲。

針對各種意見進行討論之際，ＡＩ會辨識「參加者的提案究竟被肯定或否定（喜歡或嫌憎）」，運用的分析法是「k平均法」。

參加國有七個，美國、英國、德國、匈牙利、加拿大、台灣和日本。由於日本和台灣的倫理道德觀比較接近，所以台灣人提的案子日本人大多能理解，日本人的提案台灣人也可以接受。針對意欲解決的問題，日本與台灣的參加者在價值觀上是類似的。

透過ＡＩ軟體辨識後得知，針對美國的提案，反對的聲浪最大。畢竟對尊重高齡者的日本人而言，那樣的提案極難認同。

這個ＡＩ軟體的作用不少。可以辨識出哪個主題的評價最高。軟體的結構簡單，讓參加者能針對任何提案，極清楚地表明喜歡或不喜歡，而且可以在事先做適度地修改後提出。例如我的提案內容，在被判斷喜歡或不喜歡之前，其他參加者可以先針對內容修改，然後當成是他們的提案提出，對於修改過的提案，其他參加者可以再標示喜歡或不喜歡。

這種過程重覆了幾次以後，ＡＩ會整理出以下的內容，例如「受到許多參加者歡迎的提案是什麼」、「哪一種提案是參加者喜歡或討厭的」，最後，還可以根據個人喜好另組團隊。

因標點「・」這個連結而產生的創新

範疇論（Category theory，亦稱圈論）是我特別感興趣的數學領域，這門學問講的是乍看不同但實際上有相同交互作用的現象，其特徵是「如何將某種東西交互作用的方式，自然地轉變為其他交互作用的方式。」

以「社會性企業」（略稱社會企業）這個名稱為例，「社會性」是形容詞，「企業」是被「社會性」這個形容詞修飾的名詞。但有人認為「這種想法不對」，因為「社會性企業原來的目的是為了解決社會問題而成立，所以主體應是社會。」

簡單地說，從語言學而論，「社會性企業」是形容詞＋名詞。為了表達對工作的理念，於是我做了一個嘗試，也就是在社會與企業的中間加上一個標點「・」，「社會・企業」，變成是名詞＋名詞。

這個標點「・」的用意是為了表現「社會歸社會，企業歸企業」的概念。現在我所做的就像這個標點，是一種「連結（・）」的角色。將社會與企業連結起來的「・」，可說是一種創新。

透過創新的能力，企業發明的新產品是可以連結制度的。目的是為了讓社會活用這股力量，而企業也能透過創新，發現新的社會性價值觀。

企業有能力對社會有所貢獻，因此重點不在「社會或企業，哪一個才是主體。」而是兩者因「・」而產生連結，最終使得這個連結，與環境、公司治理、各種價值都產生了關聯，形成一種菱形狀。其結果是無論是何種創新，都是可喜的。

這種構想也套用在一個政府正在推動的「亞洲矽谷計畫」。我在亞洲與矽谷之間加「・」，成為「亞洲・矽谷計畫」，這是以台灣的桃園做高科技據點的計畫，四年半以前就已推動。計畫的內容是將谷歌、微軟、亞馬遜等這些從矽谷出發的高科技公司引進台灣，讓這些企業在台灣從事研究開發，目前已有不錯的成果，例如谷歌將亞洲最大的研究開發總部設在台灣，而這些大公司在台灣的研發團隊至少都有上百人。此外，埋設在太平洋的光纖也通到台灣來了。這些高科技的進駐，都將成為台灣創新的源泉。

相對於擁有言論自由的台灣，中國因為設置防火長城（中國政府對中國大陸境內的網際網路所設的審查系統的統稱），導致創新的空間愈來愈窄，我的某些香港朋友已撤到台灣繼續從事創新工作；在我工作的辦公室裡，也有幾名曾在上海工作過的成員。

「亞洲．矽谷計畫」的成立目標，並非模仿矽谷再導入亞洲，也不是將矽谷轉移至亞洲，而是「台灣要扮演連結矽谷與亞洲的角色」。這個目標同時會帶來一種高期待，例如「如果這些人才能解決矽谷的問題，那麼也一定能解決亞洲社會的問題。」

亞洲的確有可能解決矽谷的問題。這無關名詞或修飾詞，重要的是透過彼此的連結關係得以致之。

亞洲與矽谷的連結，以及社會與企業的連結，原本也許毫無關係，但在使用了「．」這個標點後，如同將形容詞與名詞的詞性轉變成名詞與名詞般，透過創新而連結的關係，演變成將之提升為同一個層次，成為相同的等級。

圈論這個學問所思考的正是，基於對等地處理，使得乍見毫無關連的主題最終獲得良好結果的這種現象。

包容和寬容的精神是創新的基礎

性質各異，不表示彼此之間沒有交互作用，例如化學的反應是物理的基礎，而化學的分子式則奠基於物理法則。

如果一定要堅持物理與化學之間毫無關係，那就等於化學家無法使用物理法則，而物理學家不該研究化學家的發明。但事實上，理論物理學衍生自實驗物理學，而實驗物理學在檢證物理理論時，採用的是化學的方式。在這種情況下，可以說實驗物理學家站在理論物理學家和理論化學家的中間，並達成連結兩者的終極任務。

在生命科學的領域，以研發新冠肺炎疫苗為例，開發疫苗需要化學知識，如果缺乏化學知識，那就無法利用微觀的角度阻遏病毒繁殖，也做不到運用新化學材料來遏止病毒進入人體了。

口罩的製造也依靠物理技術。口罩是利用凡得瓦力（譯註：Van der

Waals force，在化學中指分子之間非定向、無飽和性、較弱的交互作用，是一種電性重力）這種能源，讓其表面產生物理性的物質，藉以吸著細微的病毒分子，做到遏阻病毒入侵的效果。

一言以蔽之，即使在生命科學的領域，無論是治療用藥物、疫苗、口罩等，物理與化學的知識都需要。由於具備了這些知識，才知道該採用什麼方式進行開發。

簡單地說，物理和化學的性質雖不相同，但彼此能產生交互作用。性質各異依然可以共存，包容性大的宗教正是如此。例如佛教講求眾生平等，道教的觀點是「人也可以是神，所以有多少人就有多少神。」這兩種宗教都沒有強調神只有一個，後期的道教更主張可以接受任何一種神。所幸現存的各派宗教中，並不否定道教，以至於彼此能共存。

我的朋友裡也有這種人，信仰的雖是民間宗教，卻帶著探討的態度赴羅馬教宗的梵蒂岡教廷。當然，如果羅馬教宗是個老頑固，一味堅持一神教信仰，那麼雙方的討論將極難進行。

說起來，台灣社會原就具備包容、寬容的精神，在精神與信仰層面都發展得很好，不輕易地將信仰不同者當做敵人。所秉持的態度是，儘管不了解其他宗教的神或信仰，但願意試著了解。這是很關鍵的心態，足以讓社會的包容性變大。

據了解，日本是一個泛神化社會，人們認為神無處不在，無論是物品、場所、概念，甚至語彙，都有神「寄宿其內」，這和道教把凡人當做信仰的對象（例如關羽、月下老人等）很像。台灣民間信仰與日本的信仰有許多相似之處，例如對著石頭許願，待願望實現後再謝拜那顆石頭還願。

「人之所以被感動，有所感應，是因為相信精靈宿於其中。」事實上，這種精神信仰的核心是透視本質，並非「因為這個人很優秀，所以把他當神祭拜」一般僅看重外殼。

包容與寬容的精神是創新的基礎，是讓社會創新更容易推動的動力。

三個關鍵字「永續發展」、「創新」、「包容」

未來，開啟世界的鑰匙不是ＡＩ、５Ｇ、雲端、大數據等這些技術，而是所有一切都要從這個觀點思考：「為了實現永續發展，什麼是必要的？」

台灣現在的教育基礎是「自動」、「了解」、「共好」，這是為了實現永續發展所創造的關鍵字。數位轉型（DX，Digital Transformation）也一樣，這是企業今後的課題。

「永續發展」的關鍵心態是包容，不放棄任何一個人，要讓美好健康的環境傳承下去。如果我們在技術上使力不當，因而破壞了下一個世代的居住環境，那麼做再多的努力也白費。「地球反正也不適合居住了，趕快移居到火星去吧。」這是很不切實的想法。

台灣也重視的「創新」將是適用於全球未來的關鍵字。創新是透過新技術讓現存的社會結構更加堅實，而且運用想像力，推動社會原具備的各種可能性並使之實現。創新很重要。

在推動創新時，我始終強調：「不能犧牲弱者而只讓一小部分人獲得創新的機會」、「優先為弱勢者提供創新的機會，才是正確的做法」。做到不刻意遺忘存在社會的各種人，才算得上是一個都不能少的包容。

台北車站的大廳地板上漆著許多笑臉插畫，也塗寫了多種語言，這麼做的動機之一是為了扭轉刻板印象，因為有人覺得「坐在地板上，太不像話了。」但為什麼不可以坐在車站的地板上呢？車站是人人都能自由利用的場所，不管這個人講的是什麼語言或哪國人。

台北車站曾發生過兩個糾紛。一個是因為語言不通，一個是針對不了解穆斯林文化者所發起的抗爭，起因是有人批評穆斯林坐地板的文化。

我認為，台北車站大廳所表現的是一種社會創新，動機是為了鼓勵人人勇於互動，做到「創新」、「包容」、「永續發展」，以便推動社會前進。

人人不同、想法各異是事實。「大家都是漢民族」、「要與異文化交流」……其實不是每個人都這麼想，畢竟也有人認為：「我屬於台灣這個島。台灣島以外的世界，對我來說都是異國。」

但時代風潮變了，尤其我們這種新世代大多知道，在台灣，「講不同母語」的孩子增加了，「新台灣之子」多了起來，這是不爭的事實。隨時間流逝，新的認知毫無疑問將形成主流想法。

台灣原本就是一個多元共存的地方，想想看，就算國語的口音有點怪，也不會有人當面訕笑：「啊，原來你不是台灣人。」台灣確實存在過戒嚴時期，

車站是人人都能自由利用的場所，但為什麼坐在車站地板上「太不像話」呢？

這是不能抹滅的事實，但現在的台灣早已朝更大的包容性向前邁進。

台灣有條法律稱為「國家語言發展法」，這條法律的主旨是，認可其他語言也是國家的語言，台灣的國家語言已不限國語，台語也可以說是國家的語言。

在社創的工作坊裡，我們辦過很多次台灣手語的活動，我也跟會手語的人合拍照片以表示支持。我的手語動作很笨拙，但別人還是看得懂。衛福部指揮中心為宣導防治新冠肺炎病毒的對策時，幾乎每天都召開記者會。觀眾們也留意到，有名手語譯者站在指揮官背後。很多人看了以後，聽說自然而然地也學會了一、兩招。

這就是一種包容的表現。主辦單位留意到聾啞等弱勢者的需求，因而沒有捨棄他們。為了讓社會更進步，包容有其必要。

將未來模式化以後，以複數的方式進行

數位空間是數位的特色之一。數位空間和現實空間不同，數位空間有方法

讓許多不同的可能性共存，也比較不易招來不好的後果，例如「由贏家來決定下一個世代的可能性」。

在現實世界裡，很多事情都有侷限。例如很難在同一個空間裡，配置兩個不同的建築物那樣，舉世皆然。假設台灣要規劃國土建設，當從現實面和整體面考量時，都必須設想，要在哪裡營建什麼、哪個場所一定要有什麼之類。

如果每一個人都只做自己喜歡的事，那該有多好，但那是不可能的。現實社會裡，如同生怕蜂巢被搗亂似地，每個人都兢兢業業地活著。若堅持「只做自己愛做的事」，恐怕只會替整體帶來壞影響。

如果現實的社會或空間有所侷限是現實世界的前提，那麼，數位化空間可說具備了兩種優勢。

第一，在企劃階段的時候，就可以把對未來的想像模式化。例如當「想這麼做」時，那麼「如果真這麼做了，實際狀況會變怎樣」是可以模擬的，模擬了以後，還可以邊看結果邊修正。

第二，在數位化階段的時候，很可能呈現這個事實：「根據現實世界的邏輯做了以後，結果更好。」此外，就算結果不如預期，依然可以重選不同的方法嘗試，例如「改變邏輯」、「改用其他系統」等。由此，再試一次，就有可能獲得更好的結果。

在現實空間裡，就算心想「還有許多其他方法，試試看」，但有可能出現跨不過去的門檻，相較之下，數位空間的各種嘗試比較容易執行。這一點，數位化與數位創新有其優勢。

透過數位和數位創新，藉以實踐社會早已存在的處理方式與組織的這種價值觀，只會被增幅與強化。所以先培養永續發展、創新、包容這種價值觀是要事，因為價值觀若無法定著，數位創新就可能偏離正軌。

舉例來說，針對某種事物詢問究竟是加分或減分，每個人的回答都不一樣。對信奉自由的民主主義者來說，專制主義是減分的。相對地，在信仰獨裁者眼裡，言論自由毫不足取。

在專制主義下催化出來的數位化創新，例如人臉辨識，一次就能掌控數千萬人，但這與民主主義所追求的目的完全不同，因此用數位化和數位創新的概念，討論民主主義與專制主義是不宜的。

為了讓數位化和數位創新朝正確的方向走，為避免誤解，一開始就有必要揭示永續發展、創新、包容這三個價值觀，培養共識。

透過積極地推展數位化，台灣中小企業提高了數位轉型力

台灣和日本的共同點之一是，都有很多中小型企業。台灣中小企業的特徵是供應鏈有彈性，例如買家想採購的貨品庫存不足了，還有第二、第三、第四個預備的供應鏈可用。

口罩製造機就是一個例子。在新冠肺炎肆虐期間，政府曾出面呼籲製造商多製造口罩，條件是「只要擁有製造口罩的機器就可以，不是口罩商也沒關係」。結果，有家專業是航空工程的企業加入行列，目的是為了公益。這家公司活用專業，製造出優化的生產線。

親眼看過生產口罩的過程後即知，上游、中游、下游都各有專家，形成一種生態系，可說是台灣製造業的現狀。

以服務業為例。在台灣，只要新的概念出現，比如說ＡＩ這種新技術，最早採用並將之實用化的，往往不是台積電那種大企業，反而是中小企業。

中小企業的動力來自需求，經常踴躍提問，例如「我們公司的品質管理部作業員，花太多時間檢查了。可以用ＡＩ管理嗎？」「我們找不到作業員，能讓ＡＩ替代嗎？」「我們想多用機器，ＡＩ幫得上忙嗎？」

以製造產品為例。假設在製造過程中，參數（parameter）過多導致機器無法運作，以前這種問題大多仰賴人力，由經驗豐富的專業作業員出面解決。但是也有缺點，因為萬一專業作業員不在了，沒人知道如何作業，就會釀成問題。即使有實習作業員當候補，但是他們總無法待在專業員身旁學上十年、二十年吧。

為了解決這個難題，「讓專業作業員教導ＡＩ」如何？如果是ＡＩ在旁實習，大概只需觀察半年或一年就能學會。中小企業因嚮往有效地活用ＡＩ，改善問題，所以躍躍欲試。

台灣早有ＡＩ學校，很多中小企業經營者都跑去上課，甚至不惜以研習生的身份學習。我想，這名經營者研習生的目的一定不是為了解決教科書上的問題，而是想尋求更具體的解決辦法，例如如何改善品質管理或提高產品良率。

這種企業經營者一旦找到解決問題的對策，就能為公司帶來好結果，也促進整個產業的發展，像供應鏈重新整合、數位化能力提升，而且可以將方法分享給同業。如此，企業創新所傳授的不僅止於垂直式，更能做到水平式擴散。這是台灣中小企業的生命力，也是特色。

愈推動創新，工作愈有創意

數位轉型成功的基本概念是，如何結合工程師的技能以推進數位化，或者如何結合社會全體的能力，讓社會創新儘快地成為可能。

我曾赴國立中興大學演講，有個企業老闆也來聽了，會後他坦白了自己的煩惱。台中是他的事業根據地，他做的是數位匯流（Digital Convergence），原本製作數位與類比的有線電視節目（台灣有線電視台一百家以上），後來也和 LINE TV 簽約。LINE TV 是新技術，與傳統的有線電視節目算競爭對手，該如何結合兩種技術讓這個老闆很煩惱。

面對這位企業家，我分享了數位創新的概念，讓他知道結合兩種不同的技術是很好的構想。有線電視這種舊型態技術，結合最新 LINE TV 技術有其可能，因為數位技術原本就有許多可能性。

還有一個銀行的例子。在新冠肺炎病毒蔓延期間，政府為了振興經濟，特別委託各家銀行實施放款紓困。而儘管放款的審查作業很繁雜，有趣的是竟然有家銀行表現優異，相對於其他銀行大多只能做到某種程度，這家銀行竟承辦了四分之一委託案。

怎麼做到的？原來這家銀行早將審查作業ＡＩ化了。這家銀行在接受申請者的貸款條件時，無須一一重審。有許多重覆申請者，其資格與條件早已建檔，即使借貸也因貸款條件沒變，無須重審條件，於是大大地節省了時間。銀行將三分之一作業交付ＡＩ代勞，不僅靈活運用ＡＩ，創造新的申請貸款方法，銀行員更能因此將時間用在更有創造力的工作上。

還有一個例子，是一家製造產業用機器的製造商。這家工廠不曾在機器上裝感應器與通訊機器等，即使裝上，也不知如何確保製造良率、何處需修理或生產線的哪部分需改善。為能正確地掌握生產資訊，這家公司決定運用ＡＩ開發系統，後來的發展當然是可喜的。

媒體、服務業和製造業這三種產業，可說是實施數位創新的佳例。

ＡＩ分擔了銀行三分之一的作業，能自動地執行工作是好事。但是，剩下來的三分之二，怎麼辦？由於ＡＩ沒見識過其他三分之二的差事，這些差事需由經驗者下判斷與執行，所以當然無法交給ＡＩ做。

在中興大學的演講我也提到這個案例，所以「ＡＩ搶人工作」這種說法，我覺得有點誇張了。

有了電腦，分析數據的分析師依然有必要。儘管有「自動版面設計」的系統，編輯作業仍需動手做。即使導入ＡＩ，人的工作會還是不會消失，只不過將重覆性高的工作交給ＡＩ與機器的話，效率會更好，如此而已。

如果你做的是會被ＡＩ替代的工作，下次不妨去找跟ＡＩ有關的工作，例如導入ＡＩ後訓練它，或找到ＡＩ無法取代的更新的工作。

說真的，沒有人想做那種一直會被取代的工作，做起來也沒什麼成就感。這樣的工作就讓ＡＩ和機器去做，讓它們代勞。

總說一句，愈推動創新，人的工作才愈有創造力。

第五章

5

程式設計思考——在數位時代培養有用的素養

藉「數位學習夥伴計畫」縮短都市與偏鄉的教育差距

為縮短城鄉的教育差距，除了優先在偏鄉建置5G，另也實踐「數位學習夥伴計畫」，亦即派遣一群城市裡的大學生協助偏鄉小朋友學習數位。此外民間團體也積極加入，例如NGO組織「為台灣而教」（TFT，Teach for Taiwan），他們會派遣教師前往偏鄉，從事類似補習教育的工作。

「優先在偏鄉建置5G」，目的之一是為了縮短都市與偏鄉的教育差距。我們另外也嘗試了其他解決問題的方法。

和城市的孩子相比，偏鄉小孩較少有機會接觸多元刺激。為了讓他們知道自己的未來有許多可能性，老師們有時會扮演職業顧問。這麼做了以後，工作量大增，常忙到傍晚還不能回家。

在偏鄉教書的老師很辛苦，角色、工作內容和都市老師不一樣。因此，為了分擔這些教師的重擔，教育單位派遣「數位學習夥伴」前往協助。

這是一種制度。數位學習夥伴大多是城市裡的大學生，他們懂得透過數位機器帶動偏鄉孩子從事數位學習。這些大學生為了刺激孩子們的想像力，無不盡己所能地傳授孩子們不了解的世界、迴異的生活經驗。

數位學習夥伴的功能像代課教師，但沒有要取代正式教師的意思，主要的任務是活用數位力量，協助解決偏鄉特有的問題。有了數位學習夥伴代勞，正職教師們的壓力得以減輕。

事實上，拉近都市與偏鄉教育差距的差事，不是公家部門的專利，民間也貢獻了力量，而且做得很成功。

「為台灣而教」這個組織，招募教員、派遣教員赴偏鄉從事類似補習教育。這些教師們都擁有教師資格，只因學校沒有缺額而無法任教而已。

這是一個很好的構想。他們的行動證明，民間並非只枯坐一旁等政府下達指令，反而在必要時主動去做，積極地發揮己力，成為台灣的力量。

我母親也做過類似的事。母親曾和朋友在泰雅族信賢部落附近，攜手成立了實驗教育學校，學校稱為「種籽親子實驗小學」（信賢種籽親子實小），這所學校現在還存在。政府沒做的，民間就挽起袖子做，這也是一個實例。

台灣民間人的努力，促成不少好事，例如催促了實驗教育法誕生。這個法律賦予實驗教育學校的自由度和普通學校是一樣的，特別在原住民地區發展蓬勃，有原住民特色的實驗教育學校相繼成立，而且辦得很成功，當然，原住民族委員會也提供了許多資源。

此外，民間的行動更敏捷，許多人偏好親赴現場解決問題，比習慣關在冷氣房高談闊論的都市人更有行動力。我們身為公務員，有必要替這些勇於站上第一線者提供資源，並代為解決法律上的問題。

針對數位學習夥伴和原住民教育等，政府也提供預算，有人若想知道預算如何使用，可以透過政府的預算監督平台了解。

我們透過數位，以公正的行事作風保障教育平等，而且持續努力中。

線上授課的方便和可能性

受新冠肺炎疫情擴散影響，國內中小學的行事曆也隨著做了調整。例如，因為停課，導致新學期的開學時間和暑假延後，特別是學校的教學方式發生改變，導入線上學習的機會增加許多。

線上學習有優點，例如促使疫情緩和，有時可以不用戴口罩，無需待在密閉空間。儘管線上學習是一個人單獨面對電腦，但依然看得見對方的表情，還能避免被感染的風險。

初期線上授課的形式非常多元，不是每個孩子都必須待在家裡或學校，而是可以分成小規模的班級或小團體，從不同的場所或學校的大教室連線。現代的錄影技術發達，電腦畫面清晰，畫像模糊或聲音斷續等現象已不太會發生了。學生一打開電腦，連上線，很快就可以清楚看到對方的臉，順暢地展開學習，完全感受不到任何弊害。

「授課數位化」的內容也很多樣，例如採用「雙教室」、「雙教師」。雙教室是利用視訊技術將兩個分開的教室連結起來，雙教師則是有兩名教師授課，一名待在班級，另一名則在離教室或攝影棚有段距離的場所。這些方法都不受實體空間的限制，學習者能夠在共同的時間裡分享知識。

現在回想，我曾在法國接受來自台灣電視台的採訪，採訪我的人是台灣的小學生，那次訪談我設計了一個身高與小學生一樣的分身，與他們進行對談。

我先在法國找到VR攝影棚，利用VR和3D掃描等特殊技術呈現畫面，接著製作一個與小學生一般高的人偶，做法是讓攝影師從各種角度拍我，再將照片縫合後做成人偶，人偶的關節則用另一套技術表現。結果是，當我在巴黎攝影棚的空間裡作動時，虛擬空間裡我的人偶也同時產生連動。把身高弄得跟小學生一樣，他們就不用仰望一八〇公分的我，也拉近了彼此的距離，而且VR空間比錄影帶感覺更親近。

這是授課數位化的形式之一，活用數位，能讓教育的方法變得更多元。

重要的是，大人要理解孩子們關心的是什麼事

首先，研究的方向要明確，因為會影響線上學習的效果，如果研究的課題方向明確，就可以決定運用哪種研究資源較好。在面對共同的問題時，如果用的方法是聚集學生或研究者一起解決，即所謂的集思廣益，能讓線上的學習效果更好，事前若能交換大量的書面資料，則能更清楚地表現自己的意見和觀察角度，這些都是線上學習的優勢。

如果在學習早期尚未找到明確的研究方向，可能就無法理解對方研究的意義。我建議，在自己的程度達到一定的水準以前，不妨先在自宅和社區學習，

等找到感興趣和想解決的問題以後再說，何況這種基礎學習也不宜透過線上。

並非所有事都適合在線上學習，需要實作和操作的就不適合。比如說，必須實際到田裡走一趟或者和家畜一起生活，這類需要實際體驗的就不行了，因為網路技術還不純熟。

農業理論基礎就很合適，該用多少肥料？要怎麼播種？這就容易學得會。透過網路，這種偏向知識性或抽象事物的學習、討論等，其實都比面對面溝通更能學到東西。

線上學習的優勢之一是，能夠反覆並依照自己的學習步驟進行。創作也一樣，透過知性教育的頻道發出訊息是很一般的做法。

還有，最好不要有預設心理，例如非這麼做不可或者一定要學到什麼。帶著好奇心，不設定特定的學習方向，是最好的心態。最好的學習方法是，自己對某個題目非常好奇，很想探究，而最後又符合自己的價值觀。

學習的主體是自己。如果你有孩子，問他：「對什麼有興趣？有沒有想解決的問題？」當孩子熱切地回答「有」，這時你的孩子就可以在線上學習了，如果孩子還沒找到興趣，用別的學習方法也可以。

重要的是，「別破壞孩子感興趣的事」。所以，當孩子對某個事物表示感興趣，記得一定要馬上鼓勵他們。

說起來，台灣的父母大多希望自己的孩子以後成為醫生、護士、工程師，然而孩子關心的未必是雙親期待的，也許他更想當服裝設計師，這時如果硬要孩子的志趣符合大人所想，那就沒意義了，萬一沒處理好，還可能破壞孩子的興趣，打擊他們的熱情。

忽略孩子關心的事物，他的學業成績一定不會太好，與其讓事情演變至此，最好的辦法是「如果你的孩子有感興趣的事，就鼓勵他去做吧。」

找不到興趣和關心所在，上大學也沒有意義

二〇一九年，台灣完成國小到高中的「一〇八課綱」，這個以素養為主軸的課綱誕生後，不上大學直接進入社會的想法將受到鼓勵。

也就是說，這個課綱的言外之意是，高中畢業後的年輕人，直到自己知道

想學什麼再上大學也不遲。生涯學習也一樣，學習不限時間和年齡，大學任何時候都能去，大學始終存在。

我相信很多十八歲的年輕人都覺得自己的想法和雙親不一樣。因為為人父母者的慣性思考通常是希望孩子上四年大學，其他一切等領到文憑再說。

台灣立法院將通過承認十八歲是成年人的法案。待此案通過後，即使為人父母者要孩子上大學，孩子也可以自主地表示：「再等一、兩年再說吧。」

我中學只讀一年就休學了，之後一直透過網路自主學習，不過，我不會因為自己這樣就主張讀高中與大學沒有意義。我認為，讀高中的主要目的是為了探索自己的內在，了解「自己究竟想解決什麼問題」。

在學習的科目方面，現在的高中採取選擇制，這使得學生能把自己所面對的狀況、問題意識和關心的事，都寄託在學習科目上。透過這一點，也能察覺自己究竟關心社會的哪一部分、社會的要求該如何接納、如何做才能擁有共同的價值觀等。

每當有人問「上了大學選哪一個系較好」時，我的回答千篇一律：「如果還不知道要學什麼就不要唸了，這是我的建議。等找到自己想解決的問題再盡全力做就好了。如果找不到自己的方向和問題，上大學也沒有什麼用。」

以前 YouTube 節目的製作者，多以個人的嗜好為主，最近有些著名的 YouTube 製作者賺的錢得比電視明星多。從前只有幾個特定的電視台，幾乎沒有年輕人想當藝人的，能當上的機率也低，上千個想擠進藝能界者，後來成為明星的極少。

現在因為有了 YouTube，每一個人都能做主角，不必做誰的特助秘書之類，只要願意，人人可以擁有自己的頻道，有人甚至靠 YouTube 完繳學貸，達到自立的目的。

這是多美好的事。找到自己感興趣的事，把它當成正事並認真持續地學習，致力挖掘自己的潛力、盡情發揮自己的長才。所以，先找到自己感興趣和關心的事再上大學吧。

利用各種學習工具學習「生涯學習的能力」，很重要

從前的台灣，許多高校和大學都有夜間部，學校的形式很多樣，空中大學

也是生涯學習的一環，一般人可以利用假日或空檔上課，通訊與現在的網路教育也是選項。

在未來的時代，生涯學習能力將愈來愈重要，能在各領域的學習中找到樂趣，自己也會成長，開心學習總是好事。

學習也不分好與壞，因為優秀的定義很廣泛。「你看他多優秀呀！」常有人會這麼說。我認為，不需要太快下定義，畢竟我們是公民國家、民主國家，不是企業國家，還是避免輕率地對別人貼標籤比較好，無論從家庭、學校或企業的立場來看，都應該要這樣。

在台灣，即使六十歲從公司退休了，依然有很多人自己成立社會企業或自願當義工。退休後的人生才是黃金時代，退休不表示要停下腳步。

一九九九年九二一地震後，南投的紙教堂成為台灣社會各界矚目的焦點。一名日本建築師為了向台灣致謝，將自己的作品「紙教堂」拆卸後，完整地移到台灣南投後重組。紙教堂的所在偏僻，卻成為觀光的熱門景點，吸引觀光客紛紛造訪。紙教堂成了當地的代表性產業，也振興了經濟。

這個案子有許多人參與，其中不乏甫退休或有時間餘裕的人士，也有還在第一線拚戰者不吝協助，這些退休人士我們稱為「黃金聖鬥士」，因為他們對社區營造貢獻了心力，這個名稱的靈感來自日本動漫「聖鬥士星矢」。

主導權掌握在自己手中的這種生活方式，在台灣很普遍。善用退休生活的方法很多，一邊工作一邊創立社會企業，甚至提早退休創業，都可以。

我父親退休後全省跑透透，從事的是非營利教育。我自己也是三十三歲退休，希望做公益的事，所以接下目前的公務。

大人們利用空中大學或通訊教育這種工具，是在創造新的學習體驗，由於這樣的體驗，他們得以與時俱進，能充分理解孩子們透過網路學習的含義。

透過網路學習，取得EMBA（Executive MBA）的學位已不是夢，大人們因為擁有這種學習經驗，所以自然地也了解網路教育的優點。

比數位的技能更重要的是素養

日本的小學將在二〇二〇年教授程式語言的課程，小學生要開始學程式語言了。

數位技能和素養是不一樣的。技能是對應要求而能如期完成事情。試想，在某種條件下完成一件事，並寫出設計圖，的確是一種能力，但我認為素養更需要被重視。素養是能夠反思，甚至自己可以訂出合宜的規則，類似設計的能力。

大多數的孩子並非被動的媒體識讀者，他們也是創作者，說不定在社群軟體上的追蹤者比我的還多。將孩子們當作創新的夥伴，而不是被動的搜尋資料者，是我的理想，為了達到這個目標，孩子們所需要的不是技能而是素養。

有人認為：「學習程式語言的目的，並不是為了解決自己感興趣或公眾的問題。」但我覺得這種想法是不正確的。要求孩子把關心的事擱在一旁，硬要他們學語言程式，是一種本末倒置的做法，和語言學習時先背字典一樣，是事倍功半的做法。

程式語言不是我們所認知的一般語言，學習程式語言的思維必須不一樣。程式語言思維是在學習一種過程，這個過程不是「自己單獨思考解決問題的方法」，而是「將一個問題拆解成一個一個小問題後，再找大家一起來解決。」學會了這一點，就能學到任何學科都通用的「解決問題的方法」了。

如果我是小學生，會希望老師能將這種程式語言思維，融入其他科目的教學，語言程式教育不是硬逼孩子去背語言程式。

幾年前開始，台灣就認為應在中小學教授程式語言，實際上各校也早可以判斷是否可行。一般說來，中學的程式語言稍微專門，小學則重視培育素養。

培育素養的課程是，各科教師將程式語言思維融入教學內容。例如上電腦課時，即使學生不懂得如何輸入，但依然可以借助一種名為「Scratch」的入門程式語言軟體，而且一學就會。音樂教學也一樣，透過這個軟體，學生只要把音符似的塊狀放在平板或在螢幕上拖動、上下移動，很多旋律就會自動出現。

這種利用軟體的教學方式，並不是從教學科目中特別切割出來，而是將運算思維運用在教學上。經過訓練後學生會覺得：「哇，我在和電腦合作耶。我們一起創造了一段旋律。」

如此，就可以說他具備了程式語言思維，是有素養的孩子。這種教育方法顯然完全不同於強制性地要他們學習程式語言。

最簡單的程式語言其實很像積木，因為規則簡單好記。「Scratch」這種程式語言軟體不需要記憶任何程式語言，老少咸宜，而且也不是從零開始，像在白色的畫紙上描繪，畫紙上有已經繪好的線條，只要在線條內塗抹就完成了，又如果想在畫了兩隻老虎的畫紙上再畫一隻，那麼就像製作簡單的報告資料那樣，把畫好的老虎複製過來就好了。

「可是，這不是靠己力完成，沒有成就感。」可能會有人這麼覺得。事實上，即使是專業程式設計師，在寫程式時也沒人單靠自己而能獨力完成。現在程式設計的模式是，先修改別人已寫好八成、九成的程式語言後，再完成全部。

這種模式，帶給人快速完成的成就感。在培養語言程式思維的素養時，對孩子們來說，將運算思維自然地融入教育的模式，是好的。

八歲寫出分數概念的程式

目前，評論台灣的程式語言教育是否成功，時機還早。

不過，寬頻網路已遍及全台灣，不管孩子們人在城市或偏鄉，已不受限於地理條件，也不被是否有電腦、網路、師資等所左右，無處不可學已成為事實。

我在八歲那年開始學程式設計，當時（一九八九年）小學已有程式設計課，但並不強迫，想學的人就去學。不過，那時沒有USB，磁碟也不普及，我們是從錄音帶讀程式的。

要孩子們寫程式絕不能用強迫的方式，最好的方法是透過授課科目，慢慢地植入程式語言思維，激發原來對程式語言無感的孩子感興趣，比什麼都重要。

比起網路，我更早邂逅電腦，八歲那年寫了第一個程式。那是一種分數運算法，用意是傳授分數的概念，例如幾分之幾的概念。

很多孩子都知道二分之一等於十分之五，但這不是直觀的概念，因為他們覺得二和一很小，但十和五很大。

我所寫的程式有零到一的直線，用手動鍵盤輸入數字，例如十分之五，我就在十分之五的直線上用汽球表現，但也可以反過來想，汽球是在幾分之幾的位置上。

把汽球放在二之一的地方，大概就在零與一的中間。於是輸入十分之五後按 Enter，會有一支飛鏢射出，飛鏢命中汽球的話，表示輸入的數字正確，而且被飛鏢射中的汽球所在的十分之五，位在零與一正中間，也能理解十分之五和二分之一是相同的。

如果輸入十分之五，但飛鏢沒有射中氣球，那表示汽球不在零與一的正中間位置上。為了確認汽球的位置，試著輸入十分之六，如果飛鏢仍然沒射中，那就知道汽球的位置應該在十分之五和十分之六中間。

不過，有個前提，分母和分子必須都是整數才行，像十分之五．五是不行的。這時可以繼續思考，如果是二十分之十一會怎樣？按鍵輸入後，如果這時飛鏢射中汽球，就知道二十分之十一是在哪個位置了。

透過這個雙向思考設計出來的程式，可以讓人理解分數程式。寫程式的動機是為了教弟弟。除了這個，我也寫了許多其他程式，用的是父親所任職報社的舊電腦。

八歲的程式是在紙上完成的，依然可以培養程式語言思維。電腦是工具，但不一定非有電腦才能寫程式。

對程式語言感興趣的理由有兩個。

一是我喜歡數學，但對計算沒興趣。計算既無趣又麻煩，這部分如果讓電腦代勞就能省去許多力氣，我只要把注意力集中在數學原理就可以。

第二是程式設計出來後，並非自己一個人享有，還希望分享給更多人。一般說來，自己計算出什麼後，過程只有自己知道，不見得能分享。但如果有人因為想學分數的概念而引用了我的程式，並且發現可以邊玩邊學習，覺得有趣了，自然地就會吸引更多人使用這個程式。

對我來說，分享並讓更多人使用，是致命的吸引力。

電腦思考是解決社會問題的基礎

我所重視的程式語言思維，不純粹是為了養成書寫程式語言的能力與思考。這和我對設計思考與藝術思考的態度是一樣的。

程式設計師在設計程式時，看重的不是掌握多少工具，而是利用這些工具訓練自己看事情的方法、分析複雜問題的能力、如何與多數人一起解決問題等。

這是程式語言思維，也是設計思考、藝術思考。

如果能巧妙地掌握要訣者增加了，我相信，會有更多人願意出面解決類似氣候變遷這種格局更大的問題。

當我們看到大數字和統計數據或面對地球這個大格局的問題時，總難免產生困惑。例如「人類為何這麼渺小？」「人類不可能應付這個大問題。」。在我看來，這不過只是缺乏程式語言思維而已。

這種大問題不能只靠一個人，需要眾人集思廣益。如此思考，那麼應付不來或問題過大的疑惑自然地會消失。培養掌握複雜或大格局問題的能力，對社會也是一大貢獻。

這種程式語言思維或設計思考、藝術思考，廣義地說，也可以總稱為電腦思考，而電腦思考是解決社會問題的基礎。由此，如何接觸每一個人、這些人的觀點如何形成、他們如何看待世界，僅只是參考用而已。有了基礎後再思考「如何培養共同的價值觀」。

程式語言思維是當遇到需解決的具體問題時，先將問題拆解成更小的問題，然後運用現存的程式與機器予以解決。這種方法能協助我們找到問題的共同點，也可以把在某處解決問題的方法，套用在其他問題上。

簡單地說，電腦思考可以重組問題的結構。此外，與其他人一起應用各種程式、攜手解決問題，也是一種解構與重新架構的好方法。

電腦思考一旦養成，再學習自己所關心的事就好。專注並專門地學習自己關心、感興趣的事，能夠培養知識與技術。要達到這種水準，最根本的還是培養程式語言思維與設計思考。

數位社會要求的三種素養——自動、了解、共好

要在數位社會中生存，需具備三種素養：自動、了解、共好。

這是為達成目標所需的條件，但無需與人一較長短。

第一個素養「自動」，與思考有關。不坐等別人下命令，自己主動地了解世界的問題是什麼，我們能做什麼。面對問題不逃避，盡最大的努力解決也是「自動」。

第二「了解」。在解決問題的過程中，不厭其煩地與別人分享並側耳傾聽。文化、領域、業界、年齡等都不是門檻，不是阻礙彼此互相協助的門檻。重要的是不厭其煩地和不同的人分享，增進對彼此的了解。

不過，脅迫別人服從或者為迎合而輕易地放棄自己的價值觀，這樣的了解，是無法維持長期關係的。在解決問題的過程中，不排斥和自己想法不一樣的人，這種態度就是「了解」。

了解，是彼此的立場或人生經驗雖不相同，卻願意努力地找出共同的價值觀並共享，像永續發展這個議題就很重要。

第三「共好」，在彼此的交流中找到共同的價值觀。語源來自印第安語「一起工作」，發音「Gung Ho」，與中文的「共好」一樣。

在彼此了解的過程中，承認對方有他的價值、自己也有自己的價值。把這種念頭長存腦中，邊工作邊思考怎麼做比較好，才能找到每個人都能接受的價值觀。

自動、了解、共好是素養的核心條件。

每個條件都有不同的面向，像剛才提到的程式語言思維，透過科學技術的運用，協同許多人用更多的方法正確地了解彼此、促進彼此成長，也是「了解」所具備的另一個面向。

「萌典」計畫——用智慧型手機編輯字典

培養數位素養，怎麼做較好？

找到很多人共同關心的特定主題，再一起思考如何解決其中的問題。經由這種方式培養素養，是我個人的經驗。

舉例來說，「想編出更好用的百科全書，該怎麼做？」有了主題，那麼大家一起來編維基百科吧，大方向就出來了。或者如果想有更好用的地圖，那麼大家一起製作更開放好用的街圖吧。或者如果希望獲得更好的公共服務，那麼就加入 g0v 這種團體吧，這樣也可以。

簡單地說，先找到志同道合的人，然後協力創造出對大家都有用的東西。一旦每個參與者都自認這件事有價值，自然會產生正面的交流與樂於互助的能量，而這就是培育素養的好方法。

舉一個我曾參與的實例。萌典（https://www.moedict.tw/）這部線上中文字典是透過「g0v」實現的計畫。編萌典的動機是想運用智慧手機來查閱中文字典，起頭是一個朋友提及「為什麼教育部製作的那本網路字典，只能在個人電腦裡用？」於是我們靈機一動，何不把那本字典改成智慧手機也能用？開始編輯以後，我們突發奇想，製作成多國語言不也很好？結果除了中文，我們也收錄了客家語、台語、德語、法語、英語等。由於編輯方式採開放性做法，後來連阿美族語也編進。

原來只想編一本智慧型手機也能用的中文字典，沒想到開放分享後，成了每個人都能參與編輯的字典，不需要我們同意，參與者可以自己思考，自己解決問題，自由度極高，例如想加阿美族語就自己動手加。

現在的功能是，當查閱一個單字的同時，也能查到其他其他語言，例如輸入「完善」這個語彙，就會跑出台語、客家語、英語、法語、德語。此外還有單字說明、例句和諺語。比如說輸入「善」字，不僅出現「好」、「善良」等說明文，連例句、諺語都有，像「天公疼憨人」等。

多數人使用字典是為了查中文，但還有其他功能，像台語，台語也有拼音。

拼音的作用是為了學習，日語中的假名也是。台語拼音有好幾種，羅馬拼音、早期教會用羅馬字、常用漢語拼音、通用拼音等都是。像「萌」字，就有很多種拼音，還有，為了讓學台語的人覺得好用，每一種拼音也略做了修改。用眼睛瀏覽以外，也可以耳朵聽。地區不同，發音也不一樣，像客家語的「發芽」，各地域的發音不盡相同，諺語也能透過發音表現，連阿美族語的發音都有，甚至語尾的變化也加了進去。

查漢字的選項也有很多種，透過檢索語言的畫面，有拼音、注音或部首可選，可說是一部全方位字典。

萌典的編纂成果由許多人合力促成，二〇一三年開始編輯，現仍持續中。在編輯發音時，有的是透過聲音直接錄音，有的則運用機器的合成發音，有的則是原教育部的版本，不一而足。

這部字典可以免費下載。

我放棄著作財產權，字典裡有這段文字：「作者唐鳳在法律許可的範圍內，拋棄所享有之權利。包括所有相關與鄰接的法律權利，並且宣告把它公開到公眾領域。」

所以每個參與的編輯者都可以說「這是我編的」，而且增刪與修正都不需徵詢我的意見。因為這樣，這本字典的編輯沒有結束期也沒有完成期。

唯一可惜的是這部萌典沒有日文。外語都是當對方拋棄著作權後，我們才會使用，法語、德語、英語都以專案的方式處理，唯獨日語，還沒找到無需著作權的版本。如果有人知道這種來源，請務必通知我們。

「萌典」這個名稱是怎麼來的？說起來，萌典的基礎原是教育部製作的中文字典。教育部用的英文名稱是Ministry of Education，簡稱ＭＯＥ。ＭＯＥ的發音剛好和日文的「萌え」（moe）類似，所以這本字典雖沒有日文，也算和日本有點關係。

中文裡「萌」字是充滿生機的語彙，有發芽、展開新事情之意，萌典就這麼誕生了。

手機萌典的構想是在美國的朋友葉平構想的，至於如何利用共筆的方式、透過什麼步驟完成也是他想的。剛開始編輯時，因為台灣和美國有時差，所以當葉平睡覺時，台灣這邊正在進行；台灣這邊結束後，葉平正好醒來，然後接著做。這本字典的完成很像是一邊跟朋友聊天一邊完成似地。

數位需要的三種素養自動、了解、共好，萌典正是在三種素養具足的情況下完成的。

科學（S）和技術（T）是 STEAM + D 教育的枝幹

隨著數位愈發達，愈能證明統合地學習科學（Science）、技術（Technology）、工程（Engineering）、藝術（Art）、數學（Mathematics）的「STEAM 教育」非常重要。因應趨勢，需要再加一門設計（Design），所以成為「STEAM + D 教育」。

前面兩個英文字 S 和 T，表示科學與技術，是科技教育，以前就有了。科技＋工程，是科技的應用。數學是科技的根本枝幹，依然不離科技教育，只是延伸而已。有人主張，教育不能僅看重如何運用的傳授。

若要改革科技，必須在教育上著力於如何創造科技。簡單地說，創造科技是一種創造性教育而不是應用的教育，畢竟只教應用的方法卻不知如何創造，意義不大。由此，追加了一項與創造力相關的藝術教育。

只不過，「藝術創造」並不是為了特定的目的而創造。藝術可以完全沒有目的，有目的地進行創造是「設計」，此即後來的D與A。

就像本來 Lesbian（女同性戀）與 Gay（同性戀）是LG，後來發現不對，因為這樣並無法網羅性別上的少數派（Minority），所以加上 Bisexual（雙性戀）和 Transgender（跨性別者），稱為 LGBT，後來又加上其他少數派，成為「LGBTQ」或「LGBTQIA」，再進一步成了「LGBTQIA+」。

不過，我認為就算最後發展成「STEM＋D教育」，科學與技術（S和T）依然是枝幹。儘管教育隨著發展會有愈多的面向出現，但核心還是科學和技術。為什麼？因為科技是一個社群，一個每個人都不吝分享自己的想法與實驗的社群，而那正是社會創新的出發點，社會從這裡出發後向前邁步。

由此，讓更多人成為科學家、技術者是很重要的事。另一方面，讓科技的領域更開放也很重要。

傳統上，當提及科學家時，總被認為是一份必須投入的工作或職業，但最近愈多人發現，其實只要在一天中貢獻出一點時間，也可以成為「公民科學家」。例如到處去測量空氣、水質，再把數據傳到網路平台，也算接近科學家的邊緣了。

這樣的行動也等於參與了科學領域中的形塑假設、檢證假設及發表，而且無需花一整天時間，每個人都做得到。這種現象可說是一群志同道合者，同心攜手從事巨大科學作業裡的一小部分。

這種行為會被大家看到，一日科學家的貢獻也會被知道。這種作為將連結更大的動機進而發展出以下結果：「一起來做更大的貢獻。」透過開放性發表及取用的行動，科學社群的拓展能讓更多人了解科學家們在做些什麼，科技教育也由此得以開展。

培養美的意識，解決科學技術無法解決的問題

在民主主義社會裡，為了讓民主主義健全地發展，吸引民眾參與討論公共事物，讓他們願意親近政府和公務員是當務之急。民眾若對公僕感到困惑或嫌惡，容易演變成對公共事務冷漠。

當民眾對社會議題失去興趣，極容易造成一種結果，就是多數人的事由少

數人決定。此時，做事的僅止於少數專業者，導致民主主義僅剩形骸而已。公僕如何吸引民眾？這攸關美感經驗。

當一個人積極面對所有問題時，也能反映出自己的價值觀或美感意識，並從中獲取正向的體驗：「嗯，這個不錯」、「那個蠻好的」。這樣的感受，彷彿見識到了世上絢麗多樣的風景似地。

如果對任何事都漠不關心，就不容易察覺到美好的事物。由此，為了不讓自己變得麻木，在針對各種問題時，不妨多自問：「我的看法是什麼？」「有什麼感想？」這時，你的答案往往會反映出你的價值觀與美感意識。

工作與美感意識有密切的關聯。在社創，有一個與故宮博物院合作主辦的協作會議，其中一項是把原擺設在故宮裡的藝術作品搬進社創。那些作品是精神疾患者所創作的，例如思覺失調、躁鬱症患者等這些朋友們的作品。另外，我們也會邀請需要復健但狀況不錯的患者擔任活動的導覽或共同創作者。

精神疾患有很多種。這些人的心靈和藝術家有相通之處，以及唯獨他們才具備的鑑賞角度。他們的美感意識有時超越一般人的理解，對某些事物能有獨到的心領神會。也因此，他們的導覽往往能帶領鑑賞者進入常人極難領會的境界，並藉此開拓了常人習以為常的視野。

美學意識不僅限於個人的審美眼光，也包括人和藝術在內。透過藝術，連結完全不一樣的人，讓常人學會從他者的角度凝視世界，解放原來狹窄囿限的視野。藝術作品和藝術空間都具備「改變我們看待世界」的力量，讓我們領悟「原來也有這種看法」，啟發我們提升自己看待世界的胸懷。

為了培養這種美學意識，經常參加藝術家或設計師的創作過程，也是一種方法。因為在現場，才能實際地了解作品如何地被創造出來，自然地也能理解作家的理念、如何地使用素材，以及發表作品的歷程。頻繁地參加各種展覽會是好的，當然，最好能跟作家一起度過一、兩天，能更深刻地感受創作的美的力量。

培養美感意識、重視藝術教育，都為了嚮往突破、不受侷限。藝術可以讓未來的某部份透過你的眼睛傳達後，能讓其他人開眼。如此，未來的可能性才有可能在你面前開啟。

毫無疑問地，科學和技術對社會的某部分是有貢獻的，例如「優化現有的流程」、「優化速度，提高效率」、「實現降低成本」等，但若僅學習科學和技術，則很難做到真正改變社會的結構性問題。畢竟只依賴線性思考，一旦碰撞到更大更複雜、牽涉各層面的問題，例如氣候變遷時，若缺少非線性思維的輔佐，則極難解決並臻於完善。

這時，跳脫原有的框架，發揮創造性思考變得很重要。美學意識、藝術設計思考，都是創造力的基礎。

文學的素養也很重要。

在程式設計師中，有我很尊敬的前輩。這位前輩曾告訴我：「程式寫得有多高明，就表示母語的能力有多優秀。」「愈有文才，程式寫得愈好。」我想，這位前輩的意思是，在寫出理想的程式以前，要先把腦裡的概念轉換成文字，因此需要撰寫研究計畫書、測試報告和效益報告書等。這就和文學創作一樣，不同的只是程式語言看重的是程式碼，而文學重視的是押韻而已。

大型歌劇劇本《浮士德》是歌德的傑作。當你閱讀一篇一篇的文章後知道，長篇詩和歌劇一樣都有押韻，如果不能自如地使用母語，就是想寫也寫不出像《浮士德》那種大格局的程式語言。

在數位時代，文學的素養仍有必要。

為了發現普世價值，和不同思維的人交往

每個人都喜歡跟同溫層的人來往，這無可厚非。但是，和自己有類似經驗、思維和自己一樣的人交流或一起工作，在推展工作時也許很順暢，結果卻容易陷入一種我說什麼，對方就附和什麼的迴聲現象而已。

在封閉的社群內部，只和自己意見相似的人溝通，不過是一再地重覆相同的意見而已。

相反地，如果願意聆聽來自各地、和自己不一樣、不同世代者的談話，很自然地會發現「原來，也有這種普世的真實、普世的意見啊。」而且，會深刻地體悟到無論身在地球或世界哪個角落，都可以和人進行溝通交流。

我曾遊歷世界各地，從沒聽過有人說：「只要我們這一代快樂就好。」「管它下一代，就算地球被破壞殆盡也無所謂。」或者「把整個地球搞垮吧。」

事實上，我邂逅的每一個人都在為下一個世代思考。從這一點來看，永續

發展目標（SDGs），可說是每個人都了解的價值觀。

相對於普世的價值觀，當然也有不同的價值觀。像「美台防疫黑客松」會議裡，台灣和日本所熟知的急救醫療習慣中，都以患者病情的嚴重程度當做急救治療的基準，但美國卻提出「要看這個人對社會的貢獻有多少」這種與其他國家無法相容的建議。

事實上，無論是國家或個人，想法無關對錯，只是不一樣而已。另一方面，儘管無法接受，但知道有想法不同的人、迥異的價值觀，這種經驗與理解也很重要。因為如果只顧著贊成同溫層者的想法、放棄懷疑，久而久之，自己的創造力會因遭到禁錮而陷入乾涸。

我並非標榜只有體驗才重要，也不是贊同非親赴世界各地旅行始知異國的風土、民情、文化、當地人。我想說的是因為ＡＩ日益發展，所以用機器做翻譯或者透過網路與遍佈全球的朋友們溝通，已變得很容易。

若能善用這些工具，做能力所及的旅行，從而發現文化和人生經驗不一樣的朋友，並專注地聆聽他們說話也很好。

回想自己在接受正規教育的過程，曾待過三所幼稚園、六所小學和一所中學，但這絕不是有意的。我想說的是，每一年因身處不同的環境，所以很自然地察覺到社會裡真的有很多不一樣的人，也有各種不同的意見，而這個體驗對促進多面向地思考有正面的影響。

所有的問題都是人引起的。如果想解決人為引起的問題，我們可以讓ＡＩ更有用。不過，前提是需要培養數位時代所需的思考方式，例如程式語言思考、藝術思考、設計思考，再搭配作為基礎的三種素養「自動」、「了解」和「共好」。

終章

6

致日本的訊息——為了日本和台灣的未來

「共同的經驗」連結了日本與台灣

在本書結尾，我想談談日本和台灣的未來。

日本和台灣享有「共同的經驗」。有一次，我正要去日本，遇到了大颱風，這個颱風帶給台灣極大的災害，後來轉向到日本去了。颱風，是日本和台灣共同享有的經驗。日本的三一一震災和台灣的九二一地震也是，除了沒發生過核電廠爆炸以外，台灣和日本一樣地經常經歷大自然的天災。

災難，連結了台灣與日本。當颱風和地震這種自然災害發生以後，台灣與日本總是彼此扶持、相互協助，相同的經驗讓彼此的關係更緊密，這是非常珍貴的情誼。比如說，日本遭遇了大地震，台灣就踴躍捐款賑災；台灣這邊發生地震，日本也儘速趕來救援。從這個角度來看，日本可說是「親台」的。

三一一震災發生前，日本的民間與政府機關極少有直接接觸的機會。震災後，透過地方重建，加上振興、賑災等資訊的交流等，民間與政府部門之間的信賴增強了。台灣也一樣。九二一震災前，各地方的社區營造團體和各協會的合作並不緊密，但震災後團結的意願提高，彼此的信任強度也提升了。

如果雙方互不信任，有很多事就不好溝通、通融不易，而且為了避免做錯事，動輒用嚴格的規定囿限彼此。相反地，基於了解，彼此像家人或兄弟姐妹般彼此信賴，那麼某些制式的規定也不再需要了。簡單地說，日本和台灣因擁有共同的經驗，使得雙方的關係比以前更堅實了。

最近，日本、美國、台灣有一個聯合的活動，彼此都參加了一種國際組織「全球合作訓練架構」。以前，與會者是台灣、美國和其他國家，現在日本也加入了，足見日本、美國和台灣的關係比以前更親密。

不久前，瓜地拉馬的代表也加入。為協助拉丁美洲的朋友們，大家一起討論如何應用科技，縮短防疫的過程、節省時間。日本向拉丁美洲提建議時，沒有擺出上對下的指導態度，而是用對等的態度，認真地討論如何擬定具體的對策。

「防疫」是主題。我們多少掌握到一些竅門，也摸索出某些方法，但未必完全適用，所以大家一邊聆聽拉丁美洲的實際狀況，一邊思考解決對策。

這個全球合作訓練架構原來的固定成員只有台灣和美國，現在日本也成為固定成員，在國際關係中，這稱為「小型多邊關係」（Minilateralism）。

在民間方面，台灣和日本今後在文化的扶持關係會愈緊密，在國際關係上，透過防疫等特定主題，也將深化彼此的關係。

「防疫對策」、「如何杜絕假新聞的問題」、「循環經濟」、「零海洋廢棄物，讓地球更適合人居住」等，都是我們共同關心的議題。台灣政府的立場是透過具體的主題，發展出小型的多邊關係，為避免流於主觀，我們互提意見、相互協助。

剛才提及不僅地震，人類和大自然的災害比鄰而居。人未必能勝天，當自然災害發生時，連工學科學都未必能控制天候，而且也不曾成功地遏阻過。人力是有限的，在交流中，彼此想出許多好點子分享給對方，一起向前邁進。

在兩國友好的過程中，自然災害或人禍反增進了彼此的合作關係，建構了堅實的友好基盤，相信彼此的關係今後將更緊密。至於彼此共同的挑戰，則是促進自由民主社會進步。在這方面，我認為還有許多可以攜手合作的空間。

學習日本的「RESAS」

日本有很多值得台灣學習的事，例如我們廣泛應用的語彙「地方創生」，語源就來自日本。

台灣的政府與民間也和日本的地方創生組織有密切的合作，「地方創生」這個語彙原封不動地搬來台灣，就表示是從日本學來的，而且不僅套用這個語彙，也仿效做法。背景因素是人口過度集中都市和高齡化，這些問題日本比我們更早就面對了。

日本始終在關注並實踐一些做法，像「怎麼做，才能讓高齡者樂於參與社會？」「人口外流不是藉口，如何讓地方維持特色才重要。」事實上，五、六年前在日本發生的現象，台灣很快地也會出現。

日本有一種叫「RESAS」（地方經濟分析系統，Regional Economy (and) Soci-ety Analyzing System）的系統，做得很好，對我啟發很大。RESAS的優秀之處是其與政治無關，實施這套系統的利弊與倡議者是誰或哪位民選議員是否參與，都和這個系統的建立毫無瓜葛。

正式名稱為「RESAS de 地方探求」（https://tanq.resas-portal.go.jp）是根據具體的統計、扮演智庫角色的當地學校，在從事探索性研究後，將量化與質性的資料彙整在一個資料庫，使之成為政策後立法。

這種做法的有趣在於，並不是每一個地方創生的策略都會成功，即使失敗了，他們所做的嘗試依然有意義。因為至少知道這麼做了，是否對促進人口回流有益，對提高僱用率是否有用，能從中了解其對社會產生哪些好或不好的影響。

也就是說，如果地方創生的策略成功了，也能同時檢驗其他的功能，像「哪部分還可以應用在其他地方」、「為了複製成功的案例，怎麼做較好」等。當然，把成功的實驗套用在另一個不同的環境可能招致失敗。只不過，失敗的案例也值得當做數據後將之累積起來。

日本把從各機構和各地方蒐集來的各種統計資料集中一處，包括中央政府、各地方政府、大學、學術研究單位等。匯聚這些來處的數據資料，無疑地提升了 RESAS 的參考價值。

台灣從 RESAS 系統獲得靈感，也做了一個系統，稱為「TESAS（Taiwan

Economic Society Analysis System）」。但必須坦承的是，無論在農業、IT等產業或經濟、社會等領域的協作上，目前台灣還比不上日本。

台灣的 TESAS 一開始用的是政府部門和公部門的數據，但只以地方的統計資料為主，來自民間與學術機關的數據明顯不足。二〇二〇年底，台灣的國家發展委員會將建置一個新的平台，在往後數年的前瞻計畫裡，我們會設法把在民間蒐集到的資料加上去，包括地方特色、從事社區營造的窗口等。不過這需要靠每個社區營造的組織自動加上才行。

TESAS 所缺乏的資料還包括人的資料，例如關心家鄉文化與經濟發展的企業有哪些，有哪些當地出身的創業家有意返鄉回饋之類的，這些都需要其他平台協助提供。還有，如何在公部門的平台充實各領域的資料，是接下來要向日本 RESAS 系統學習的部分。

數位原住民掌握數位成功的關鍵

從報導中獲悉，菅義偉擔任日本首相後，雷厲風行。例如行政改革大臣被要求廣泛地蒐集各方的意見與智慧；日本的行政大臣（相當台灣的行政院長）也對外表示，將改變一些慣性做法，像新任官員不需依照慣例向各部會首長做報告；數位廳即將在二〇二一年九月一日成立。

日本的數位廳一定有自己的特色。但如果能設一個專門蒐集意見的 mail，相信來自各界的意見將踴躍地湧進，而對政治不太感興趣的日本年輕人也許有機會藉此提出自己的想法吧。我很希望日本的數位廳重視這件事，特別是鼓勵年輕人表達意見並踴躍參與政治。

在台灣，十八歲有選舉權指日可待。（譯註：二〇二〇年憲法修正案通過「十八歲選舉權，二十歲被選舉權」，目前送交修憲委員會審查中）我的想法是，擁有選舉權的人們才是「公民」，但這並不表示十五、六歲的年輕人就不是公民。有趣的是，台灣的年輕人毫不在意，因為年僅十二、三歲的少年、少女們自認是公民的所在多有。這是台灣年輕人的優點。

我的想法是，並不是非要十八歲、二十歲才能加入民主社會，實際上，連六、七歲的小朋友都會向父母表示主張：「我想去有特色的公園玩。」由此，「還我特色公園行動聯盟」組織，順理成章成立了，組織的構成人員正是那些贊同孩子能常在公園玩耍的家長們。

公園有「公」、「大家的場所」之意，針對公園這個議題，每個人都有發言權，大家一起來決定使用公園的方法，不需要等孩子長到十八歲、二十歲才討論。

台灣年輕人的特質之一是積極提出自己的主張，他們相信，不管採取什麼形式，只要勇於參與政治、表達自己的意見，社會一定會被改變。這麼做也對強化自己的信心有益。

從國際層級的眼光看，包括我自己在內，現在三十五歲以上的人都曾經歷戒嚴時期，成長其中，造成不少人對台灣沒有信心。「來來來，來台大；去去去，去美國。」的確是台灣曾有的時期，意思是「真正優秀的人都出國去了」。

不過，年紀比我們年輕一些的，由於他們的記憶不曾受戒嚴令壓抑，也知道台灣在亞洲國家中享有高度的自由，所以「對自己的國家沒信心」的僅屬少數，也不覺得「走出台灣，去國外留學較好」。

因為網路，在台灣創作的作品現在也能吸引全球的眼光，像遊戲、台灣戲劇、珍珠奶茶、小籠包等文化、美食等都是。台灣實際上已開始向全球發出訊息。

日本也一樣。相信有不少日本年輕人在想：「我很想做些能讓社會變得更好的事。」我有日本朋友對改變日本懷抱著高度的期待，只不過針對「年輕人是導引出政治新方向的關鍵」這個議題，日本的國民似乎尚未達成充分的共識，而日本年輕人「為實現公益而積極行動」的意識也嫌不足。

如果日本年輕人具備強大的組織力與行動，像台灣年輕人帶著自信勇敢地主張、佔領立法院和教育部、促成民主更進步，相信必能扭轉年長者的想法。

當然，日本和台灣經歷的民主主義的歷史不相同，所以不能要求日本年輕人做出一樣的行動。不過，台灣年輕人極自信地自認因為採取行動而創造了民主主義，並相信「年長者也願意聽我們講話」。相反地，日本年輕人如果認為「我們的組織力不強，所以無法說服年長者」，那無非等於承認「就算投了一票，也沒有什麼作用。」這樣就太消極了。

台灣無論哪一個世代，每一個人在年輕時都曾經歷過非民主社會的種種，但台灣從這裡出發，逐漸蛻變為民主的社會，為這個目的奮鬥過來的年輕人記憶猶新。五十歲、六十歲的台灣人應還記得，年輕時的野百合學生運動是引導台灣步向民主的原點。

我相信，當這些長者親眼見到年輕人因想創造更理想的民主主義而採取行動以後，一定懂得珍惜這些年輕人的。這是台灣與日本不一樣的地方。

在日本，一般國民可能如此認為：影響社會是政府官員和公務員的事。當然，儘管日本的官員、公務員都很優秀，但在民間勞動的人們、尚未獲有選舉權的十五歲、十六歲年輕人，一樣地也不容忽視。

特別是台灣十五、六歲的年輕人，說他們是數位原住民世代也不為過，因為他們一出生就已有了網路和數位。相對地，我們這個世代是在十歲到二十歲期間才開始接觸，所以只能算是數位移民。在這個領域，十五、六歲這一輩是我們的「前輩」，數位原住民的稱號當之無愧。

我認為，今後將領導整個時代的是這些網路原住民，因此將環境整頓好，讓這些人更容易地參與政治是要務。

未來，正走向年輕人。在向數位原住民學習的同時，也要為他們提示出未來的方向，也就是說，提供必要資源與援助的是我們，但告知未來方向、掌舵的則是年輕的網路原住民。

我期待日本年輕人積極參與社會，建構讓每個人都覺得舒適安全的社會。在這個過程中，相信台灣的年輕人和我們可以與日本年輕人攜手共創未來，我深切期待與日本年輕人攜手共事的日子早日到來。

7

後記

感謝各位翻閱到最後一頁。

我從小浸泡在父親的書齋，對書籍有親切感。這是一本由我口述的著作，總裁出版社主導，以台灣與日本連線的形式完成。這讓我經歷了特別的體驗。

一般說來，我習慣約一小時的採訪，但這一次在我執行公務之餘，花了三個月長達二十個小時的採訪，是很新鮮、刺激的經驗。

台灣和日本的語言不同，雖說是芳鄰，但也不是走路就能往返的距離，新冠肺炎病毒又阻礙了國際間人與人的往來，使得實體空間裡的自由移動徒增困難。

在這種情況下誕生的這本書，可說是數位技術下的產物。因為將我口述的中文內容重新整合及正確地翻譯成日文的，不是AI，是真實的人。可以說這本書呈現了一種新的事例，一種連結了真實與數位後，超越國家與界線的新事例。

新冠肺炎病毒對全球造成極大的妨礙。但另一方面，全球的網路社群與網路之間的連結卻更為牢固。我衷心地期待全球的「知性」網路廣為流傳。

最後，引用加拿大創作歌手兼詩人李歐納・柯恩一段我最喜歡的歌詞，作為本書的結尾。

「缺口，就是光的入口。」

如果你正為了不正義或受到忽視而感到憤怒與焦慮，請把這些負面的情緒化為正面的能量，並且反問自己：

「為了遏止不正義，該為社會做些什麼？」

如果你能如此持續地自問自答，將憤怒與焦慮轉化為具有建設性的能量，你不會也不再攻擊、指責任何人，因為你已佇立在邁向新未來的路上。

世界並不完美。發現世界的缺陷與問題後，真摯地面對，致力地解決，是我們存在的理由。

行政院的辦公桌上有一幅聖嚴法師餽贈的偈語：「面對它，接受它，處理它，放下它。」從中我始終能獲得能量與勇氣。

台北市社會創新實驗中心辦公室
二〇二〇年十一月

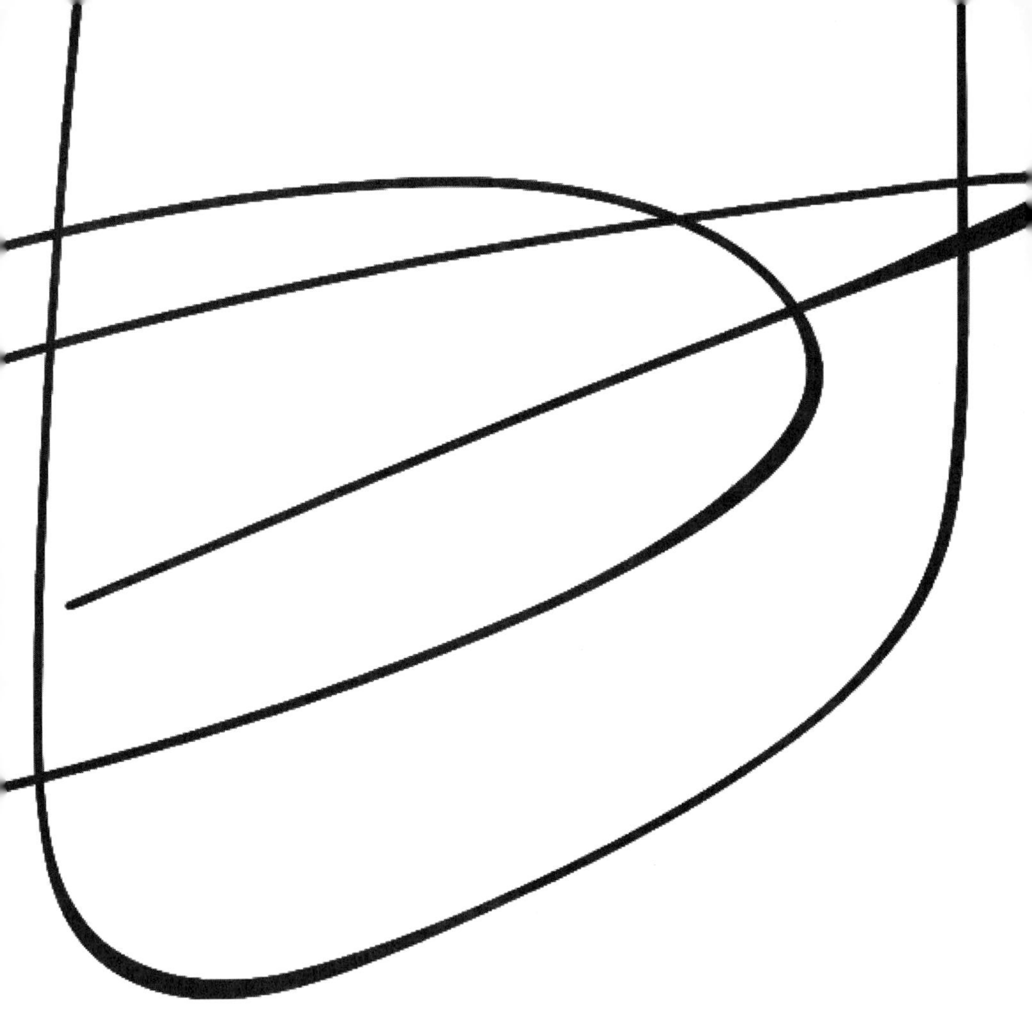

唐鳳 談數位與AI的未來

口述／唐鳳
作者／日本總裁出版社編輯部
譯者／姚巧梅
中文紀錄／李振延
社長／林宜澐
總編輯／廖志墭
編輯／王威智
封面設計／BIANCO TSAI
內頁設計／ayen0024@gmail.com
出版／蔚藍文化出版股份有限公司
地址：11408臺北市信義區基隆路一段一七六號五樓之一　電話：02-22431897
臉書：https://www.facebook.com/AZUREPUBLISH/　讀者服務信箱：azurebks@gmail.com
總經銷／大和書報圖書股份有限公司
地址：248020新北市新莊區五工五路二號　電話：02-89902588
法律顧問／眾律國際法律事務所　著作權律師／范國華律師
電話：02-27595585　網站：www.zoomlaw.net
印刷／世和印製企業有限公司
定價／新臺幣三五〇元
初版一刷／二〇二一年十一月
ISBN：978-986-5504-59-5（平裝）

國家圖書館出版品預行編目（CIP）資料

唐鳳談數位與 AI 的未來 / 唐鳳口述 ; 日本總裁出版社編輯部作 ; 姚巧梅譯 . -- 初版 . -- 臺北市 : 蔚藍文化出版股份有限公司 , 2021.11
面； 公分

ISBN 978-986-5504-59-5(平裝)

1. 人工智慧 2. 技術發展 3. 社會變遷 4. 資訊教育

312.83　　110016328